Welche Spinne ist das?

Die bekanntesten Arten Mitteleuropas

n Baehr

KOSMOS

Mit 130 Farbfotos von T. Angermayer (S. 11, 18, 21, 25, 28, 43, 44, 57, 60, 65, 72, 73, 76, 79, 81, 85, 86, 88, 92, 95, 100, 103, 104, 115, 120, 122), T. Angermayer/Ziesler (S. 125), A.N.T./Silvestris (S. 131, 133, 134, 138), M. Baehr (S. 64, 69, 91, 102), S. Bollenbach (S. 16), J. Daudt (S. 13, 19, 22, 30, 39, 43, 47, 50, 52, 59, 63, 78, 83, 97, 98, 99, 101, 108), K.H. Diffené (S. 55), G. Ewald (S. 61, 94), A. Famula (S. 51, 66), E. Frey (S. 23, 29, 62, 90, 105), K.H. Jacobi (S. 141), H. Kretschmer (S. 33, 49, 111, 118), R. König (S. 129, 135, 136, 137, 139, 140), A. Limbrunner (S. 87), T. Marktanner (S. 58), K. Montag (S. 10), D. Nill (S. 96), Okapia/Cooke (S. 127), Okapia/Mendez (S. 126), H. Reinhard (S. 2/3, 21, 26, 67, 113, 116), F. Sauer (S. 24, 27, 31, 32, 34, 35, 36, 37, 40, 41, 45, 46, 48, 56, 68, 70, 71, 74, 75, 77, 89, 93, 107, 109, 110, 117, 119, 123), F. Sauer/F. Hecker (S. 128, 130), A. Schlüter (S. 132), H. Schrempp (S. 30, 38, 42, 80, 82, 84, 106, 121, 124), K. Tönges (S. 53) und W. Zepf (S. 54) sowie 25 Schwarzweißzeichnungen von Barbara Baehr (17) und Marianne Golte-Bechtle (8) und 8 Symbolzeichnungen von Marianne Golte-Bechtle.

Umschlaggestaltung von eStudio Calamar, unter Verwendung von drei Aufnahmen von Heiko Bellmann (Springspinne *Euophrys petrensis* auf der Umschlagvorderseite, bereiftes Netz einer Baldachinspinne auf der Umschlagvorderseite oben sowie Gartenkreuzspinne auf dem Buchrücken).

Bibliografische Information Der Deutschen Bibliothek
Die Deutsche Bibliothek verzeichnet diese Publikation in der Deutschen Nationalbibliografie; detaillierte bibliografische Daten sind im Internet über http://dnb.ddb.de abrufbar.

Gedruckt auf chlorfrei gebleichtem Papier

2. überarbeitete und aktualisierte Auflage, 2002

ISBN 3-440-09210-1
Redaktion: Bärbel Oftring
Produktion: Lilo Pabel, Ralf Paucke
Satz: G. Müller, Heilbronn; TypoDesign, Kist
Printed in Italy/Imprimé en Italie

Welche Spinne ist das?

Vorwort

Als Mitarbeiter einer großen biologischen Institution hat man überraschend häufig Anfragen wie die folgende zu beantworten: „Ich habe eine Spinne im Haus (oder Garten). Was kann ich dagegen tun? Ist sie gefährlich? Wie kann ich mich davor schützen?“ Solche Anfragen deuten auf zweierlei hin:

– Der Stadtmensch steht den Spinnen nach wie vor mit einem Gemisch von Abscheu und Angst oder wenigstens mit großer Unsicherheit gegenüber.

– Die Entfremdung von der Natur und die Unkenntnis der Vorgänge in unserer Umwelt ist immer noch erschreckend groß, trotz der „Ökologiebewegung“ und der Wiederentdeckung der Natur als schützenswertes Gut im Angesicht ihrer rapide zunehmenden Zerstörung.

Spinnen sind nun eine besonders verkannte Tiergruppe, gegen die der Mensch offensichtlich eine natürliche Abneigung besitzt, und dies schon seit alters her. Schon eine der Parzen, der griechischen Schicksalsgöttinnen, trug ja einen Spinnennamen – Arachne. Ist es nun die Giftigkeit und unbestreitbare Gefährlichkeit mancher – allerdings meist außereuropäischer – Arten, auf der unsere Furcht beruht, oder ist es die Angewohnheit der Weibchen einiger Arten, nach der Hochzeit ihre Männchen zu verzehren; die schnelle, vom menschlichen Auge kaum auflösbare Bewegungsweise der zahlreichen (acht) Beine; die im Gegensatz zu vielen Insekten stark behaarte Oberfläche; oder die tückische Art vieler Spinnen, ihre Beute mit Hilfe eines Netzes zu überlisten? Gleichviel, eine allgemeine Abneigung ist sicherlich vorhanden. Man sollte jedoch fragen, ob diese Abneigung begründet ist und wie sie überwunden werden kann.

Eine Antwort auf die erste Frage versucht diese kleine Einführung in die Spinnenkunde zu geben. Und wie die Abneigung den Spinnen gegenüber überwunden werden kann, dafür steht dies Büchlein als Ganzes: Wer Spinnen kennt, sie sich in freier Natur vorurteilslos anschaut, ihr Verhalten beobachtet und sie als einen Teil der Natür, und zwar als nützlichen und wichtigen Teil, zu sehen lernt, dem wird sich die Abneigung oder Furcht in Faszination verwandeln, angesichts einer Formen- und Farbenvielfalt und einer Fülle von höchst interessanten Verhaltensweisen.

So soll dies Büchlein dazu beitragen, den Leser am Beispiel einer vielfach verkannten Kleintiergruppe zur Beobachtung der ihn umgebenden Natur und der vielfältigen Wechselbeziehungen in ihr anzuregen. Wir glauben, daß gerade die Spinnen dafür hervorragend geeignet sind!

Zu diesem Buch

Der vorliegende Naturführer kann kein Bestimmungsbuch für alle in Mitteleuropa vorkommenden Spinnen sein. Dafür ist die Artenzahl, mit über 850 Arten, viel zu groß. Außerdem sind sehr viele Spinnenarten nur für den Spezialisten nach jahrelanger Einarbeitung unterscheidbar. Das Buch möchte vielmehr dem interessierten Naturfreund anhand typischer einheimischer Spinnen aus verschiedenen Familien und einiger auffälliger ausländischer Arten die faszinierende Welt der Spinnen(tiere) nahebringen.

Dies geschieht mit Hilfe von Farbfotos, die größtenteils in freier Natur aufgenommen wurden.

Eine Reihe von Strichzeichnungen verdeutlicht den Körperbau und einige biologische oder für die Bestimmung wichtige Merkmale sowie einige charakteristische Netztypen.

Der allgemeine Teil gibt eine kurze Einführung in Bau, Entwicklung und Lebensweise der Spinnen und grenzt sie von den übrigen Spinnentieren (siehe Seite 112–123) ab.

Die Texte im speziellen Teil verzichten bewußt auf eine nochmalige Beschreibung der Art, lediglich wichtige Merkmale werden hervorgehoben. Es wird mehr Wert auf interessante Verhaltensmuster und auf die Lebensweise der dargestellten Art gelegt. In einigen Fällen wird auch auf verwandte, nicht abgebildete Arten verwiesen, oder der Text hat allgemeinere Gültigkeit.

Die in manchen wissenschaftlichen Artnamen auftauchende Abkürzung „cf.“ (z. B. bei der Zwergspinne *Walckenaera* cf. *acuminata* auf S. 78) bedeutet „vergleiche“. Sie wird dann benutzt, wenn eine Art nicht eindeutig bestimmt werden kann.

Die Symbolleiste enthält Angaben zu den bevorzugten Lebensräumen, zu Netzbau und Aktivitätszeit sowie zu Gefährdung und Schutz. Die Symbole für die Lebensräume zeigen den oder die bevorzugten Lebensräume. Sie können nur einen ungefähren Anhaltspunkt geben, da viele Spinnen recht weit und in unterschiedlichen Lebensräumen verbreitet sind. Es bedeuten:

 Ufer, feuchte Wiesen, Moore

 Wald und Gebüsch

 Wiesen und Weiden

 Trockenrasen, Ödländer Heiden

 Häuser, Scheunen, Keller

 Tagtier

 Nachttier

 Netzbewohner

RL 1, 2, 3, 4 — Gefährdet nach der Roten Liste Deutschland, mit den Gefährdungskriterien

! — Geschützt nach der Bundesartenschutzverordnung

Was ist eine Spinne?

Gemeinsam mit den Krebsen, Insekten und Tausendfüßern gehören die Spinnen zum Stamm der Gliederfüßer (Arthropoda), innerhalb derer sie zusammen mit Skorpionen, Bücherskorpionen, Weberknechten, Milben und einigen bei uns fehlenden anderen Gruppen die Klasse der Spinnentiere (Arachnida) bilden. Die echten Spinnen (Araneae) sind jedoch bei weitem die artenreichste Ordnung, denn wir kennen heute annähernd 30 000 verschiedene Arten, und sehr viele weitere Arten sind sicherlich noch unentdeckt.

Etwa 850 Arten sind bisher aus Mitteleuropa bekannt geworden, aber auch in unserem Gebiet werden immer wieder Neuentdeckungen gemacht und sogar neue Arten beschrieben.

Wie erkennt man eine Spinne bzw. wie unterscheidet man sie von den anderen Spinnentieren oder gar von den Insekten?

Spinnen sind achtbeinige Gliedertiere (im Gegensatz zu den sechsbeinigen Insekten), deren Körper in zwei Regionen, Vorderkörper (Prosoma) und Hinterkörper (Opisthosoma) gegliedert ist. Die Verbindung besteht aus einem dünnen Stiel, so daß der Hinterleib sehr beweglich ist.

Am Vorderkörper sitzen die vier Paar Laufbeine, die Mundwerkzeuge und die 6 oder 8 Einzelaugen.

Der weichhäutige Hinterleib enthält die Atmungs-, Verdauungs- und Geschlechtsorgane sowie die Spinndrüsen und Spinnwarzen. Bei den meisten anderen Spinnentieren stoßen dagegen Vorder- und Hinterkörper auf breiter Fläche aneinander.

Der Vorderkörper besitzt im Gegensatz zum Hinterleib einen ziemlich festen Chitinpanzer. Er trug ursprünglich 6 Paar Beine, von denen bei den Spinnen im Lauf der Stammesgeschichte die beiden vorderen Paare zu Mundwerkzeugen umgewandelt wurden. Das erste Paar, die Chelizeren oder Kiefer, sind die eigentlichen Mund- und Beißwerkzeuge. Ihr klauenförmiges Endglied ist gegen das Grundglied einschlagbar und trägt am Ende die Ausmündung der Giftdrüsen, die nur bei wenigen Spinnen fehlen. Die Stellung der Chelizeren hat taxonomische, aber auch ökologische Bedeutung.

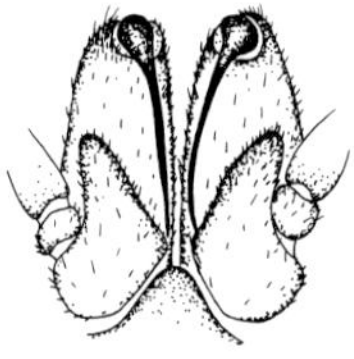

Orthognathe Chelizeren von *Atypus*

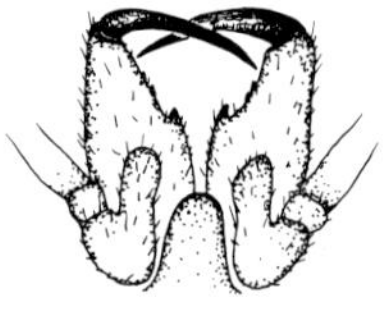

Labidognathe Chelizeren von *Dysdera*

Man unterscheidet die orthognathe Stellung mit parallel nach unten wirkenden Chelizerenfingern (bei den Vogelspinnenverwandten) und die labidognathe Stel-

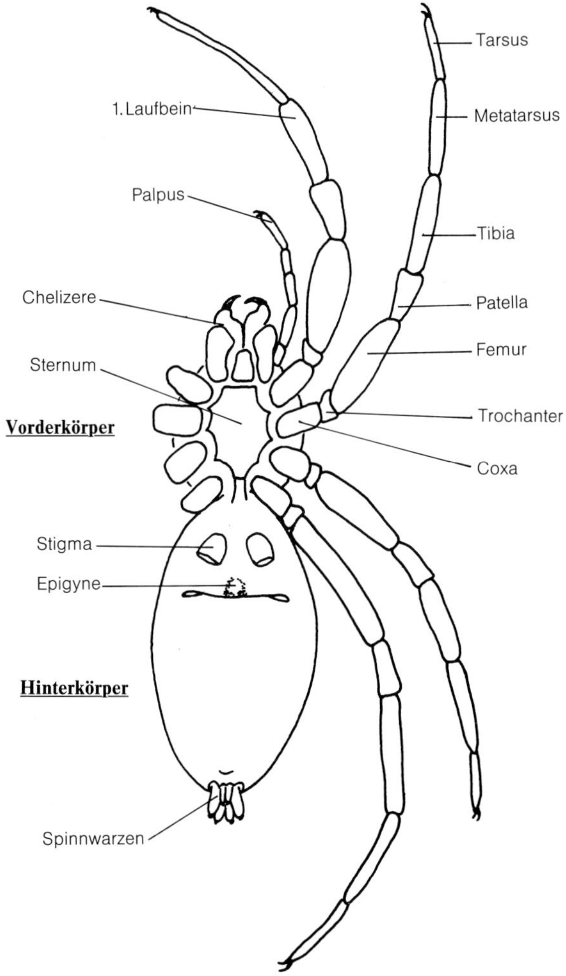

Gliederung des Spinnenkörpers (von unten)

lung, bei der die Chelizeren horizontal angeordnet sind und gegeneinander arbeiten (fast alle übrigen Spinnen). Die labidognathe Stellung ist sicherlich die stammesgeschichtlich jüngere und weitaus erfolgreichere.
Hinter den Chelizeren sitzt der dünne Palpus, ein Tastorgan, das bei den Männchen vieler Arten sehr kompliziert gestaltet ist und als Begattungsorgan dient.

Krallen einer Webspinne.

Die 4 Paar Laufbeine bestehen aus 7 Gliedern und tragen am Ende zwei oder drei Krallen und manchmal noch ein Haarbüschel (Scopula), das manchen Spinnen erlaubt, an absolut glatten Flächen herumzulaufen. Die gesamte Oberfläche der Beine ist außerdem mit langen Tasthaaren besetzt. Die 6 oder 8 Einzelaugen sind in der Regel unterschiedlich gebaut und auch verschieden groß. Bei vielen tagaktiven Arten kann man Tag- und Nachtaugen unterscheiden. Im allgemeinen sind sie wenig leistungsfähig und nur bei optisch jagenden Spinnen (z. B. den Springspinnen) zu gutem Bewegungs- und räumlichen Sehen befähigt. Die Anordnung der Augen ist oft für die Bestimmung wichtig.
Die Mundöffnung wird unten von der Unterlippe und seitlich von den Hüften der Palpen umschlos-

Verschiedene Augenstellungen

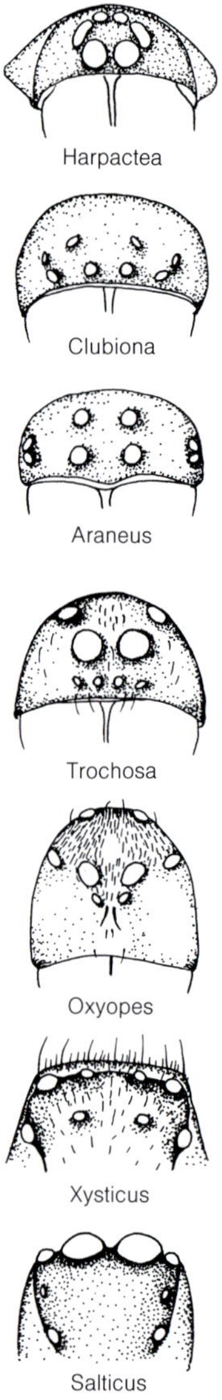

Verschiedene Spinnwarzen

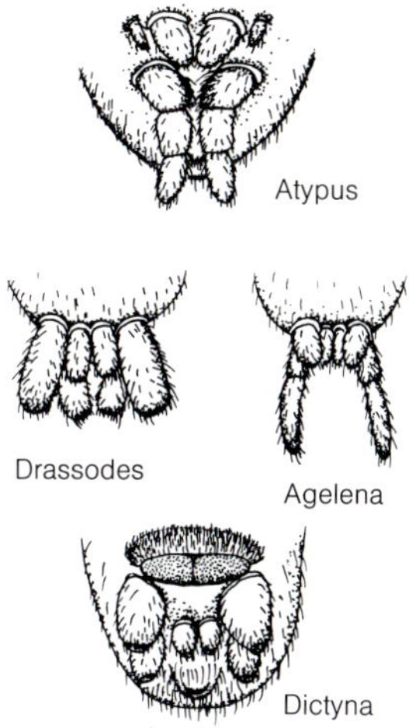

sen. Die Nahrung wird entweder im Mundvorraum durch Verdauungssäfte verflüssigt und mit Hilfe des muskulösen Saugmagens eingesaugt. Bei vielen Arten dient aber bereits das eingespritzte Gift dazu, das Nahrungstier aufzulösen.
Am Boden des Vorderkörpers befindet sich auch das sternförmige Zentralnervensystem.
Der Hinterleib der Spinnen ist recht weichhäutig und daher relativ dehnbar. Dies ist einmal für die Nahrungsaufnahme von Vorteil, denn es müssen meist sehr große Beutestücke verdaut werden. Andererseits können so die trächtigen Weibchen problemlos ihre zahlreichen Eier unterbringen.
Der Hinterleib beherbergt vor allem die vegetativen Organe, nämlich das langgestreckte Herz, die Fächerlungen und/oder röhrenförmigen Tracheen, den Enddarm, die Geschlechtsdrüsen und die Spinndrüsen. Fächerlungen und Spinnwarzen sind als Rudimente der bei den ältesten Vorfahren der Spinnen noch vorhandenen Hinterleibsbeine anzusehen.
Die Spinndrüsen sind bei jeder Spinne sehr vielgestaltig, und jede Drüsenart produziert einen unterschiedlichen Fadentyp, z.B. Klebefäden, Haltefäden, den Faden für den Eikokon und den Sicherheitsfaden, den viele Spinnen ständig hinter sich her ziehen. Die Ausmündung der Spinndrüsen liegt in den ursprünglich 8 (4 Paare) Spinnwarzen. Das vordere Paar ist jedoch verschmolzen und entweder fast ganz reduziert oder zu einer breiten Spinnplatte (dem Cribellum) umgestaltet. Auch die übrigen 6 Spinnwarzen tragen am Ende eine feine Siebplatte, durch welche die ungemein dünnen Fäden austreten.

Spinndrüsen von *Argiope* in Aktion.

Das Cribellum der Kräuselfadenspinnen ist mit sehr zahlreichen winzigen Spinnspulen besetzt, die stark gekräuselte, äußerst feine Fäden produzieren. Diese werden mit einem kammförmigen Organ (dem Calamistrum) an den Metatarsen der Hinterbeine auf die normalen Fangfäden „gekämmt" und dienen dazu, das Opfer in das Gewirr feinster Kräuselfäden zu verwickeln. Die übrigen, nicht cribellaten Spinnen besetzen ihre Fangfäden mit Klebetröpfchen.

Die Geschlechtsöffnung der Spinnen liegt zwischen den Öffnungen (Stigma) der Fächerlungen etwa in der Mitte der Unterseite. Bei den Weibchen der ursprünglichen Spinnen ist sie einfach, bei den höher entwickelten Arten dagegen vielfältig zur sogenannten Epigyne umgestaltet. Bei ihnen sorgen Chitinspangen in der Epigyne dafür, daß nur der Palpus von Männchen der gleichen Art in die Epigyne des Weibchens paßt, wie ein Schlüssel ins Schloß. So wird die Paarung artfremder Spinnen verhindert. Beide Organe sind aus diesem Grund auch besonders gut als Bestimmungsmerkmale geeignet.

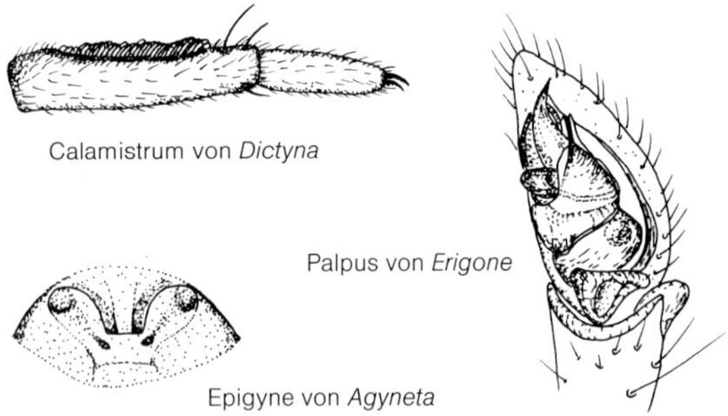

Calamistrum von *Dictyna*

Palpus von *Erigone*

Epigyne von *Agyneta*

Netze und Netzbau

Fangnetz von *Linyphia triangularis.*

Das charakteristische Merkmal der Spinnen ist sicherlich ihr Netz. Allerdings besitzen nicht alle Spinnen Netze, und die Netze vieler Arten sehen ganz anders aus als die bekannten Radnetze der Kreuzspinne und ihrer Verwandten und werden auch nicht immer zum Beutefang benutzt. In Wirklichkeit ist z. B. das Netz der Kreuzspinne hochspezialisiert und erst recht spät im Laufe der Evolution entstanden.

Die ursprünglichsten „Netze" sind lediglich Wohngespinste in Erdhöhlen, unter Steinen oder zwischen Pflanzen. Daß ein derartiges Netz auch zum Beutefang eingesetzt werden kann, wurde erst später „entdeckt", und viele Spinnen tun dies auch heute noch nicht. Einige Netztypen zeigen die Abbildungen auf Seite 14.

Im Laufe der Stammesgeschichte haben sich wohl zunächst die Trichternetze vieler bodenbewohnder Spinnen (z. B. Agelenidae, Amaurobiidae), aber auch die relativ unregelmäßigen, z. T. bodennahen Netze der Linyphiidae und Theridiidae entwickelt. Auch die Netze der Dictynidae und mancher Theridiidae, in der Vegetation angelegt und schon etwas radnetzähnlich, besitzen bei weitem noch nicht die Vollkommenheit der echten Radnetze der Araneidae. Diese können vertikal oder horizontal ausgespannt sein, ein zickzackförmiges, wohl der Tarnung dienendes, „Stabiliment" in der Mitte aufweisen; sie zeigen aber auch schon Fortentwicklungen und Auflösungserscheinungen.

Manchmal sitzt die Spinne in der Netzmitte (z. B. die Gartenkreuzspinne *Araneus diadematicus*).

Andere Arten haben ihren Schlupfwinkel in einer Ecke und erfahren über einen Signalfaden, was im Netz vorgeht. Sie sind

Einige typische Spinnennetze

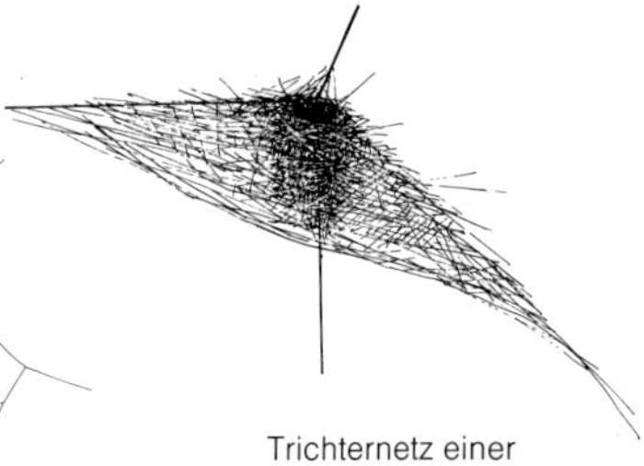

Trichternetz einer Trichterspinne (*Agelenidae*)

Radnetz einer Kreuzspinne (*Araneus*)

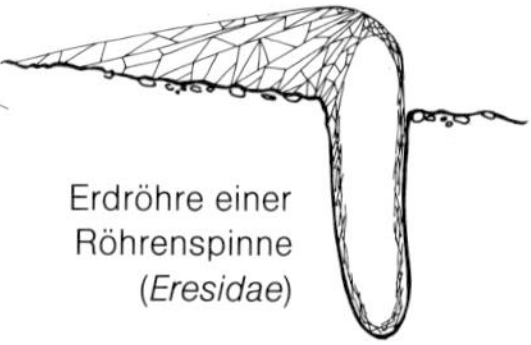

Erdröhre einer Röhrenspinne (*Eresidae*)

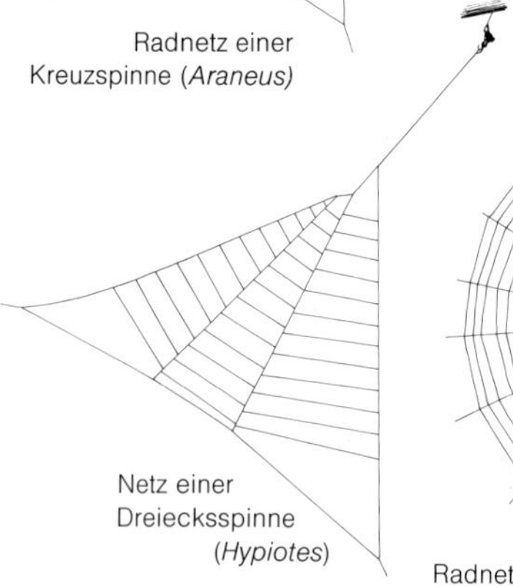

Netz einer Dreiecksspinne (*Hypiotes*)

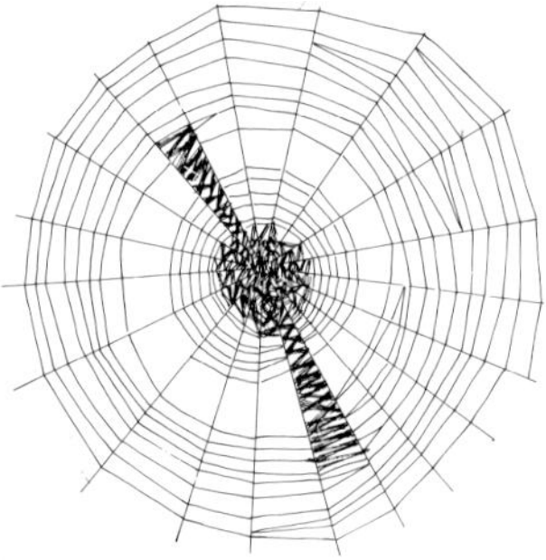

Radnetz mit Stabilimenten (*Argiope*)

gewissermaßen die Vorläufer von Arten, die nur mehr Netzsektoren herstellen und diese an einem Signalfaden halten. In tropischen Gebieten haben sich daraus noch eigenartigere Verhaltensweisen entwickelt:

Die australischen Dinopiden halten ein Netz zwischen ihren verlängerten vorderen Beinen. Wenn ein Beutetier vorbeifliegt, strecken sie die Beine blitzschnell aus und werfen gewissermaßen das Netz aus.

Die „Bolaspinnen" lassen einen einzigen Faden mit einem Klebetropfen am Ende kreisen und verzehren anschließend alles, was sich am Faden gefangen hat.

Andere zu den Radnetzspinnen gehörige Arten (*Arcys*) bauen überhaupt kein Netz mehr, son-

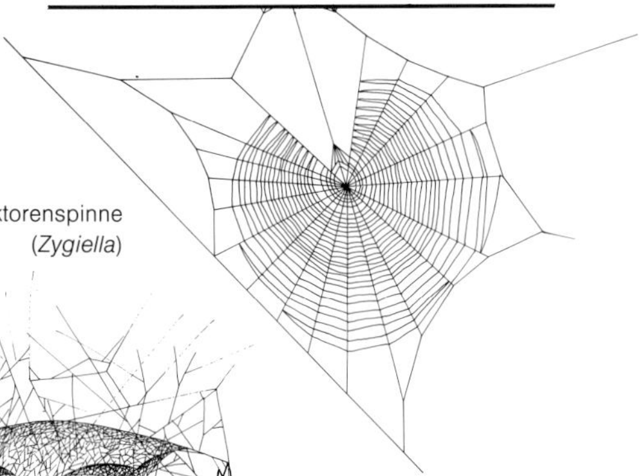

Netz einer Sektorenspinne (*Zygiella*)

Gewebedecke einer Baldachinspinne (*Linyphiidae*)

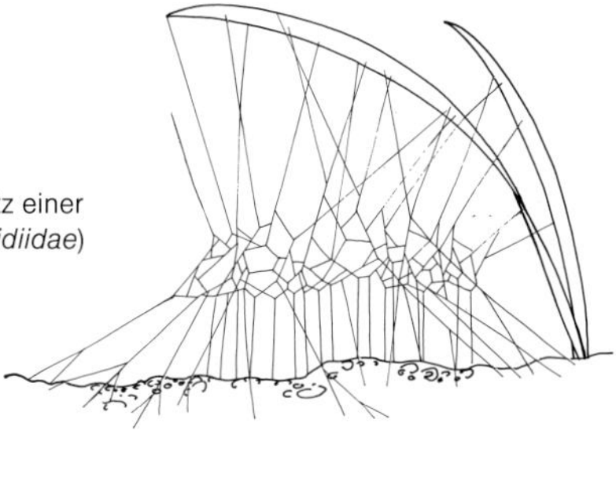

Haubennetz einer Kugelspinne (*Theridiidae*)

dern greifen ihre Beute mit den verlängerten, stark bedornten Vorderbeinen.

Vermutlich hat es bei der Vervollkommnung des Netzbaues parallele Entwicklungen gegeben, z. B. zwischen den cribellaten und nicht cribellaten Spinnen, doch ist diese Frage noch nicht vollständig geklärt.

Die zahlreichen frei jagenden oder lauernden Arten der Springspinnen (Salticidae), Wolfsspinnen (Lycosidae) und Krabbenspinnen (Thomisidae) haben ebenfalls sicherlich sekundär auf den Netzbau verzichtet. Sie benötigen ihre Spinnwarzen nur noch zum Spinnen des Eikokons, des Sicherheitsfadens und manchmal zum Auskleiden ihrer Wohnröhre oder des Schlupfwinkels.

Nahrung und Beutefang

Alle Spinnen sind Räuber, d.h., sie ernähren sich ausschließlich von anderen Tieren. Die meisten Nahrungstiere stammen aus der Welt der Insekten. Besonders große Arten, etwa die heimische Wasserspinne *Argyroneta* oder die große Raubspinne *Dolomedes,* können aber durchaus auch kleine Fische und Kaulquappen bewältigen.

Trotz ihres Namens und ihrer Größe ernähren sich die tropischen Vogelspinnen nicht von Vögeln, fangen aber durchaus kleine Säugetiere, Eidechsen und Frösche neben den verschiedensten Wirbellosen.

In den Netzen der großen tropischen *Nephila*-Arten können sich allerdings Vögel fangen, denn die Netze sind so stabil, daß sie in Nordaustralien von den Eingeborenen zum Fischen verwendet wurden. Das sind jedoch Ausnahmen, die gegenüber der Insektennahrung der überwältigenden Mehrzahl der Spinnen nicht ins Gewicht fallen.

Die meisten Spinnen sind in ihrer Nahrungswahl ziemlich unspezifisch und fangen alles, was sie bewältigen können bzw. was in ihren Netzen hängenbleibt. Allerdings zeigen viele Arten vor zu großen Beutetieren so etwas wie „Furcht". Zu den mehr oder weniger strengen Spezialisten gehören etwa die Arten der Gattung *Dysdera,* die vor allem Asseln jagen; die ausschließlich Ameisen fressende Ameisenspinne *Zodarion;* die bei uns seltene, große Bodenspinne *Eresus,* die es vermag, auch sehr hartschalige Käfer zu überwältigen; und die Arten der Gattung *Ero* (Mimetidae), deren Spezialität andere Spinnen sind.

Araneus quadratus mit Beute.

Da fast alle Spinnen gut ausgebildete Giftdrüsen haben, dient das Gift im allgemeinen zum Töten der Beute. Arten, die sehr große oder wehrhafte Tiere erbeuten, wagen sich aber häufig nicht sogleich an diese heran, sondern spinnen sie erst ein und töten sie dann, oder beschießen diese, sehr schnell um sie herumlaufend, mit Spinnfäden und fesseln sie auf diese Weise.
Nach dem Tode des Opfers wird es von vielen Arten mit den Chelizeren gewalkt und regelrecht zerknetet, damit die Verflüssigung schneller vonstatten geht. Spinnen können ja mit ihrem Saugmagen nur flüssige Nahrung aufnehmen. Das Gift dient daher auch dazu, die Beutetiere vorzuverdauen, und besteht deshalb teilweise aus Verdauungsenzymen. Andere Arten sind wiederum in der Lage, ihre Beute ohne diese Behandlung auszusaugen. *Pholcus* z. B. genügt ein winziges Loch in einem Mückenbein, um die gesamte Mücke bis auf die Haut auszusaugen. Allerdings braucht die Spinne etwa 24 Stunden dafür und muß immer wieder Verdauungssaft in die Beute hineinpumpen.

Paarung, Eiablage und Entwicklung

Die Paarung der Spinnen beginnt damit, daß das Männchen seinen Samen entweder in ein eigens dafür angelegtes Spermanetz abgibt und ihn dann mit seinem Taster aufsaugt, oder daß es das Tasterendglied direkt an die eigene Geschlechtsöffnung angelegt und mit Samen anfüllt. Der Bulbus des Tasters muß dann bei der Paarung an die Geschlechtsöffnung oder Epigyne des Weibchens angelegt werden, damit die Befruchtung stattfinden kann.
Spinnen sind im allgemeinen Einzelgänger und dazu sehr wehrhafte Tiere. Das meist kleinere Männchen muß sich vorsehen, daß es nicht schon vor der Paarung dem stärkeren Weibchen zum Opfer fällt. Es entstand daher bei den meisten Spinnenarten eine ritualisierte Balz, die dazu dient, das Weibchen zur Paarung geneigt zu machen, es mit einem „Brautgeschenk“ abzulenken oder es mit Hilfe bestimmter optischer oder taktiler Signale gewissermaßen zu hypnotisieren.
Entsprechend der großen Artenvielfalt ist die Balz der Spinnen äußerst vielgestaltig und häufig sehr kompliziert.
Ist die Paarung vollzogen, muß sich das Männchen meist recht schnell zurückziehen, weil unmittelbar darauf bei den Weibchen der meisten Arten der Jagdtrieb erwacht. Abweichend von der landläufigen Meinung werden aber nur bei wenigen Arten die Männchen nach der Paarung regelmäßig aufgefressen.
Im Verlauf der Paarung kriecht das Männchen unter die Bauchseite des Weibchens und führt meist einen, bei ursprünglichen Arten auch beide Taster in die weibliche Geschlechtsöffnung ein und verankert ihn an den Fortsätzen der Epigyne. In komplizierter Weise wird dann die in Ruhelage spiralig aufgerollte Spitze des Tasters (Embolus) ent-

Paarung von *Linyphia.*

Wespenspinne *Argiope bruennichi* bei Kokonbau und Eiablage.

rollt, so daß sie tief ins Innere der weiblichen Samentaschen eindringen kann. Dann wird der Samen aus dem Bulbus des Tasters entleert.
Nach einer gewissen Zeit der Entwicklung im Körper des Weibchens werden die Eier abgelegt. Dazu stellt das Weibchen in der Regel einen Kokon aus Spinnseide her, der die Eier von Feinden, Feuchtigkeit und Pilzbefall schützt. Häufig werden die Eikokons in der Vegetation aufgehängt oder im Wohngespinst befestigt. Manche Arten, z.B. die Wolfsspinnen (Lycosidae), tragen den Kokon mit sich herum oder bewachen ihn (Pisauridae).
Nach dem Schlüpfen verteilen sich die Jungspinnen möglichst schnell, klettern in der Vegetation empor und lassen sich an einem Faden davontreiben. Wir kennen diese fliegenden Fäden mit den winzigen Spinnen, die meist übersehen werden, als Altweibersommer.
Einige Arten betreiben jedoch eine regelrechte Brutpflege: *Eresus* und *Coelotes* sowie manche Kugelspinnen (Theridiidae) füttern ihre Jungen sogar mit ausgewürgter Nahrung, bei manchen Arten dient schließlich sogar die Mutter den Jungspinnen als Fraß.
Wie alle Gliedertiere müssen sich die Spinnen, wollen sie wachsen, regelmäßig häuten. Dabei reißt die alte Haut am Vorderkörper auf und die Spinne kriecht heraus. Die neue, bereits fertige Haut erstarrt sehr rasch nach der Häutung. Sie ist jedoch bei den heranwachsenden Spinnen viel geräumiger als die alte Haut, und die Spinne wächst sehr schnell in sie hinein, durch einen sogenannten Wachstumsschub. Bis zum Erreichen der Geschlechtsreife sind etwa 10–12 Häutungen notwendig.

Die Bedeutung der Spinnen im Haushalt der Natur

Wer jemals an einem warmen Frühsommer- oder Herbsttag eine Wacholderheide auf der Schwäbischen oder Fränkischen Alb, einen Trockenrasen in der Lüneburger Heide oder einen lichten Buchenwald aufmerksam beobachtet hat, wird über die Menge der am Boden herumlaufenden Spinnen erstaunt gewesen sein. Tatsächlich kann in solchen Lebensräumen der Boden von Wolfsspinnen (Lycosidae) geradezu übersäht sein. Wir müssen daher feststellen, daß Spinnen bei uns zu den häufigsten Kleintieren gehören. Da auch ihre Artenzahl vergleichsweise sehr hoch ist, sind die Spinnen zu den erfolgreichsten Gliedertieren zu rechnen und fehlen in keinem Lebensraum.

Infolge ihrer unterschiedlichen Größe, bei uns von weniger als 1 mm bis über 2 cm, der sehr verschiedenartigen Netztypen und der äußerst vielfältigen Verhaltensweisen können in jedem Lebensraum zahlreiche Spinnenarten nebeneinander existieren, ohne zu stark miteinander zu konkurrieren. Sie bilden eine wichtige Stufe in der Nahrungspyramide der Natur, die auf den Pflanzen als Grundnahrung basiert und sich Stufe für Stufe über Konsumenten verschiedener Ordnung bis zum Endverbraucher aufbaut. Diese sind meist die großen Säugetiere oder Vögel und der Mensch.

Bei uns nehmen viele Spinnen den obersten Rang eines Konsumenten unterhalb der kleinen Wirbeltiere ein, da sie durchweg andere Kleintiere verzehren. Auf dieser Stufe haben sie allerdings mit der starken Konkurrenz seitens anderer räuberischer Kleintiere zu kämpfen, vor allem mit Ameisen und gewissen räuberischen Käfern.

Untersuchungen ergaben, daß Spinnen auf der Fläche von einem Hektar Wald jährlich bis 100 kg Insekten verzehren, also viele hundert Millionen Individuen. Unter diesen befinden sich auch zahlreiche für den Menschen und seine Kulturpflanzen schädliche Arten. Unsere heimischen Spinnen können daher allgemein als außerordentlich wichtig für den Haushalt der Natur, aber auch als nützlich für uns angesehen werden und sollten, etwa im Rahmen der biologischen Schädlingskontrolle, besonderen Schutz genießen.

Es sei nur am Rande angemerkt, daß auch die herbstlichen Spinnennetze an Fenstern und Türen sowie ihre Bewohner sehr nützlich sind. Das wird sofort klar, wenn man sich einmal die Mühe macht, nachzusehen, wie viele Stechmücken und Stubenfliegen sich in diesen Netzen fangen.

Welche Spinne
ist das?

Tapezierspinne
Atypus piceus
Familie Tapezierspinnen (*Atypidae*)

Zur Gattung *Atypus* mit ihren drei schwer unterscheidbaren Arten gehören die einzigen deutschen orthognathen Spinnen, d.h. Vogelspinnenverwandten. Sie sind an den mächtigen, nach unten gerichteten Chelizeren zu erkennen. *Atypus piceus* kommt nur im südlichen Deutschland, *Atypus affinis* auch in Wärmegebieten Norddeutschlands vor, die dritte Art, *Atypus muralis*, ist bei uns sehr selten.

Alle Arten leben vorzugsweise auf Trockenrasen, aber auch in warmen Kiefernwäldern, besonders in Südlagen. Nur während der Paarungszeit im Juni schweifen die Männchen auf der Suche nach Weibchen herum. Sonst leben die Spinnen kolonieweise in tiefen, mit Gespinst ausgekleideten Erdröhren, die sich noch etwa 10 cm weit auf der Bodenoberfläche fortsetzen. Diese Fangschläuche sind jedoch so hervorragend mit Erdkrumen oder Nadeln getarnt, daß ein sehr gutes Auge dazu gehört, sie zu entdecken. Tagsüber sitzen die Spinnen am Grund der Röhre, nachts steigen sie empor und lauern im Fangschlauch. Überquert ein Beutetier den Schlauch, wird es durch ihn hindurch gebissen und hineingezerrt.

Nach der Paarung werden die Eier in einem Kokon abgelegt. Die Jungspinnen überwintern bei der Mutter.

Bei einer extrem seßhaften, tief im Boden lebenden Art wie der Tapezierspinne spielt die Frage der Ausbreitung eine wichtige Rolle. Ein von einer bestimmten Art besiedelter Lebensraum kann ja nicht unbegrenzt neue Artgenossen, etwa die zahlreichen Jungtiere, aufnehmen. Irgendeinmal kommt der Zeitpunkt, an dem Nahrung oder Raum für Netze oder Schlupfwinkel knapp wird. Jungtiere müssen sich daher zerstreuen, um neue Lebensräume aufzusuchen. Dies ist naturgemäß eine gefahrvolle Zeit für die meist noch sehr kleinen, oft weichhäutigen, schutzlosen Jungspinnen. Das Problem lösen die Spinnen auf elegante Weise: Sie fliegen davon (siehe Bild oben). Die Jungspinnen erklettern hoch gelegene Orte, etwa Halmspitzen oder Äste, spinnen einen Faden und lassen sich davontreiben. Haben sie Glück, erreichen sie einen günstigen Lebensraum, in dem sie sich ansiedeln können. Viele kommen allerdings auf ihrer Reise ins Ungewisse um, daher ist die Eizahl bei den Spinnen meist sehr groß. Aus Fängen mit hoch fliegenden Flugzeugen weiß man, daß fliegende Kleinspinnen unter Umständen von Kontinent zu Kontinent verdriftet werden und dabei mehrere tausend Meter Höhe erreichen können.

Es sollte aus dem oben Angeführten nicht etwa geschlossen werden, daß nur die Jungspinnen gefährdet seien. Trotz ihrer Wehrhaftigkeit und ihres Giftes haben auch die Erwachsenen – dies gilt für alle Spinnen – eine Vielzahl von Feinden, vor allem Vögel, Eidechsen, Frösche, kleine Säuger und parasitische Insekten, aber auch die Angehörigen der eigenen Art oder andere Spinnen.

Falltürspinne
Ctenia sp.
Familie Falltürspinnen (*Ctenizidae*)

Die *Ctenizidae* gehören zu den orthognathen Spinnen, d. h. den Vogelspinnenverwandten. Die meisten Arten erreichen allerdings nur mäßige Körpergrößen.
Auch in Südeuropa kommen Falltürspinnen vor, sie sind in manchen Gebieten sogar häufig. Es gehören jedoch besondere Beobachtungsgabe und gute Kenntnisse der Lebensansprüche der Falltürspinnen dazu, sie zu entdecken. Das liegt an der vorzüglichen Tarnung der Deckel, mit denen die Falltürspinnen ihre Wohnröhre verschließen.
Diese wird oft in senkrechte Böschungen gegraben, mit Spinnseide austapeziert und mit einem aus Seide gesponnenen, außen mit Erde getarnten, beweglichen Deckel verschlossen. Die Spinne lauert hinter dem leicht geöffneten Deckel und stürzt heraus, wenn ein Beutetier vorüberkommt. Die Beute (Käfer, Heuschrecken u. a.) wird hereingezerrt und am Boden der Wohnröhre verzehrt. Versucht man, den Deckel gewaltsam zu öffnen, wird man über die Kraft erstaunt sein, mit der die Spinne von innen den Deckel zuhält.
Gewisse tropische Arten springen einfach heraus und beißen zu, wenn sie zu sehr geärgert werden. Unsere kleinen (bis 25 mm großen) Arten dagegen ziehen sich in solchen Fällen in die Röhre zurück.

Vogelspinne

Familie Echte Vogelspinnen (*Aviculariidae*)

Die echten Vogelspinnen bilden nur eine Familie unter den zahlreichen Orthognatha, den Vogelspinnenverwandten. Freilich umfaßt diese Familie die meisten, größten und farbenprächtigsten Vertreter der Orthognatha – im Gegensatz zur landläufigen Meinung aber nicht die gefährlichsten!

Sehr viele Arten sind friedliche Tiere, die überhaupt nicht aggressiv sind und in menschlicher Obhut geradezu zahm werden können. Sie sind daher auch die einzigen Spinnen, die regelmäßig und mit gutem Erfolg als Terrarientiere gehalten werden. Die größeren und langlebigeren Weibchen können bis 20 Jahre lang überdauern und sterben dann schließlich an „Altersschwäche".

Echte Vogelspinnen kommen in allen Kontinenten vor. Die zahlreichsten und farbenprächtigsten Vertreter finden sich aber in Südamerika. Selbst in Südeuropa kann man Vogelspinnen finden; unsere Arten sind aber Zwerge, gemessen an den Arten der Gattungen *Grammostola* und *Theraphosa*, die handgroß werden können.

Männchen und Weibchen kann man im allgemeinen an ihrer Größe und an der relativen Länge der Beine unterscheiden:

Bei den Männchen sind die Beine erheblich länger, dafür ist der Hinterleib kleiner.

Die meisten Vogelspinnen sind bodenbewohnende, nachtaktive Tiere, die sich tagsüber unter Holz, Steinen und bevorzugt in selbstgegrabenen Erdröhren verbergen. Nachts schweifen sie auf Beutejagd umher. Ihre Augen sind ihnen dabei allerdings nur wenig dienlich. Viel wichtiger für die Orientierung sind die Tasthaare an Beinen und Mundteilen, die selbst auf leichteste Luftbewegungen ansprechen.

Einige Arten leben auch auf Bäumen und klettern geschickt am Stamm und auf den Ästen herum. Dabei ist ihnen die Skopula, ein dichtes, wie ein Saugnapf wirkendes Haarbüschel am Ende der Beine, eine große Hilfe. (Vogelspinnen können daher selbst an glatten Flächen emporlaufen.)

Trotz ihres deutschen Namens gehören Vögel wohl nur selten zum Speisezettel der Vogelspinnen. Sie jagen vor allem Insekten und andere Wirbellose; die größten Arten erbeuten außerdem kleine Säugetiere, Frösche und Eidechsen.

Vogelspinnen sind wehrhafte Tiere und können sich mit ihren gewaltigen Chelizeren gut verteidigen. Darüber hinaus können sie aber bei Belästigungen ihre feinen Rückenhaare „abbürsten“. Geraten diese feinen Härchen dann auf irgendeine Art und Weise in Augen oder Schleimhäute, sind starke Entzündungen die Folge.

Finsterspinne

Titanoeca quadriguttata
Familie Finsterspinnen (*Amaurobiidae*)

Titanoeca quadriguttata ist mit 5–6 mm Länge eine recht kleine Finsterspinne. Nur das Männchen zeigt das auffällige Muster auf dem Hinterleib, das Weibchen ist unscheinbar gefärbt.
Im Gegensatz zu den meisten anderen Finsterspinnen ist *Titanoeca quadriguttata* ein wärmeliebendes Tier, das an südexponierten Kalktrockenhängen unter flachen Steinen lebt. Weshalb die Spinne Kalkuntergrund so sehr bevorzugt, ist unbekannt. In jedem Fall müssen die von ihr bewohnten Hänge mit großen Steinen bedeckt sein, weil das ziemlich grobmaschige Trichternetz immer an die Unterseite von Steinen angeheftet wird.
Auch bei dieser Art wird der Netzrand mit Kräuselfäden belegt. Diese treten aus dem Cribellum aus und werden mit dem kammförmigen Calamistrum auf das Netz gebürstet. Sie haben den Zweck, Beutetiere an den Beinen zu fesseln, und sie erfüllen ihn in hervorragender Weise: Die einzelnen Fäden sind zwar unglaublich dünn, gerät jedoch ein Beutetier in diese Kräuselwolle, verfangen sich so viele Einzelfäden an Borsten oder Haaren, daß selbst recht große Beutetiere festgehalten werden. Je mehr der Gefangene strampelt, um so besser wird er gefesselt! Man kann die Wirkung durchaus mit derjenigen eines Stacheldrahtverhaus vergleichen.

Fensterspinne
Amaurobius fenestralis
Familie Finsterspinnen (*Amaurobiidae*)

Die Finsterspinnen gehören zu den cribellaten Spinnen, ähneln aber den Trichterspinnen der Gattung *Coelotes* sehr, die auch eine vergleichbare Lebensweise führen.
Amaurobius fenestralis ist die häufigste und mit knapp 10 mm Länge wohl auch eine der größten Finsterspinnen.
Sie lebt in Wäldern, bevorzugt in Fichtenwäldern, in denen sie ihr mit Kräuselfäden belegtes, röhrenförmiges Trichternetz zwischen Steinen, am Fuß von Bäumen oder im Moos anlegt.
Der in Felsritzen oder unter Steinen verborgene Teil des Trichternetzes dient der Spinne als Wohnort, aus dem sie nur herauskommt, wenn sich ein Beutetier, etwa eine Assel oder ein bodenlebendes Insekt, in den an der Trichtermündung ausgelegten Stolperfäden verfangen hat. Im Frühjahr, zur Paarungszeit, streifen allerdings die Männchen auf der Suche nach den Weibchen herum und werden dann auch außerhalb des Netzes angetroffen.
Nach der Paarung verschließt das Weibchen seine Wohnröhre und fertigt darin den Eikokon an. Nach seinem Tod dient es den frischgeschlüpften Jungspinnen zunächst als Nahrung. Später verlassen die Jungspinnen dann die Wohnröhre und zerstreuen sich, um eigene Netze anzulegen.

Kellerspinne
Amaurobius cf. ferox
Familie Finsterspinnen (*Amaurobiidae*)

Amaurobius ferox ist mit bis 16 mm Länge die größte Art der Finsterspinnen und zugleich eine der größten in Deutschland vorkommenden Spinnenarten.
Sie bewohnt feuchte, dunkle Orte und kommt bevorzugt in Kellern und alten Schuppen vor. Ihre offene Gespinströhre mit einem vorgelagerten, unregelmäßigen Netzteppich, in den Kräuselfäden eingewebt sind, findet man vor allem in dunklen Ecken, zwischen Kisten und altem Gerümpel.
Mit ihrer Größe und ihrer dunklen Färbung ist die Finsterspinne der Schrecken aller dunklen Keller. Trotz ihres bedrohlichen Aussehens ist sie jedoch ungefährlich und, genaugenommen, sogar nützlich, weil sie anderes Kellergetier wegfängt.
Das Netzgespinst dient der kräftigen Spinne mehr dazu, sie von einer vorbeilaufenden Beute zu benachrichtigen, weniger, um diese wirklich zu fangen. Manche Beutetiere der Finsterspinne sind wohl auch zu groß, als daß sie vom Fangnetz zurückgehalten werden könnten. Werden die Signalfäden von einem Beutetier berührt, stürzt die Finsterspinne daher schnell aus ihrer Gespinströhre und überwältigt das Opfer durch einen Biß.
Als Nahrung kommen vor allem Asseln, Fliegen, Ameisen und Käfer in Betracht – alles lästige „Hausgenossen“ des Menschen.

RL 2

Röhrenspinne
Eresus cinnaberinus (*E. niger*)
Familie Röhrenspinnen (*Eresidae*)

Die bei uns seltene, in Südeuropa jedoch verbreitete *Eresus cinnaberinus* zeichnet sich durch den ausgeprägten Geschlechtsdimorphismus zwischen dem kleineren, auffällig rot-schwarz gefärbten Männchen und dem sehr großen, ganz schwarzen Weibchen aus.
Die Spinne ist sehr wärmebedürftig und kommt bei uns nur in Wärmegebieten vor. Sie lebt auf sehr schütter bewachsenem Trockenrasen in einer ausgesponnenen Erdröhre, die an der Erdoberfläche, oft am Rand von Steinen, in einen Trichter mündet. Dieser ist von einem Gespinstteppich überdeckt, von dem Fangfäden in die Umgebung ausgehen. Diese Fäden sind mit feinen Kräuselfäden belegt, in denen sich die vorbeilaufenden Beutetiere, vor allem größere Laufkäfer, Sandlaufkäfer, Mistkäfer u.a., in Südeuropa auch stark gepanzerte Dunkelkäfer (Tenebrionidae), verfangen und von der Spinne dann in die Röhre gezerrt werden.
Die Chitinreste von Käfern finden sich oft in großen Mengen am Netz von *Eresus*.
Die Eiablage geschieht in einem Kokon im Netz, und die Jungtiere werden vom Weibchen mit ausgewürgter Nahrung gefüttert – einer der seltenen Fälle regelrechter Brutpflege bei Spinnen.

Kräuselspinne

Dictyna arundinacea
Familie Kräuselspinnen (*Dictynidae*)

Dictyna arundinacea ist eine der häufigsten cribellaten Spinnen bei uns und überall auf trockenen Wiesen, Ödländern und Trokkenrasen in der Vegetation zu finden.
Mit nur 3–3,5 mm Länge ist sie eine ziemlich kleine Art. Im Frühsommer fallen allerdings ihre unregelmäßigen Gespinste an trokkenen Pflanzen, häufig an vorjährigen Doldenblüten, auf. Die Spinne selbst sitzt meist in einem besonders dicht versponnenen Teil des Netzes, oft in einer Verzweigung des Pflanzenstengels.
Das Gespinst ist zum größten Teil mit Kräuselfäden belegt, in dem die Spinne die verschiedenartigsten Insekten, zuweilen auch erstaunlich große Fliegen einfängt. Die unglaublich feinen Kräuselfäden besitzen eine besonders gute Fangwirkung, und je stärker das Beutetier zappelt und sich freistrampeln will, um so stärker verfängt es sich mit seinen Borsten und Haaren in dem Fadengewirr. Es ist immer noch nicht klar, ob diese elegante Fangmethode im Laufe der Stammesgeschichte der Spinnen nur einmal erfunden wurde oder ob sie wiederholt in verschiedenen Gruppen entstand.
Die Kräuselfadenmethode ist allerdings erheblich komplizierter als der Bau eines mit Klebtröpfchen besetzten Netzes wie bei den anderen Spinnen.

RL 3

Kräuselradnetzspinne
Uloborus walckenaerus
Familie Kräuselradnetzspinnen (*Uloboridae*)

Wie der Familienname besagt, gehört *Uloborus walckenaerus* zu den cribellaten Spinnen, stellt aber ein regelmäßiges Radnetz wie die echten Radnetzspinnen her. Dies ist ein schönes Beispiel für die sogenannte Konvergenz, d. h. ähnliche Merkmalsausprägung von nicht näher miteinander verwandter Arten unter dem Einfluß gleicher Umweltbedingungen.

Die Kräuselradnetzspinnen bilden darin eine Ausnahme unter den Spinnen, daß sie keine Giftdrüsen besitzen. Daher spinnen sie ihre Beutetiere nach dem Fang besonders sorgfältig ein.

Uloborus walckenaerus ist ein sehr wärmeliebendes Tier, das bei uns nur in wenigen Wärmegebieten vorkommt (z. B. im Oberrheingebiet und in der Umgebung von Nürnberg) und dort besonders gern Heideflächen besiedelt.

Die Spinne legt ihr etwa spannengroßes horizontales Radnetz bevorzugt im Heidekraut an und hängt stets bauchoben in der Mitte des Netzes. Das Netz ist auf der Fangspirale dicht mit Kräuselfäden belegt, außerdem sind noch mehrere sogenannte Stabilimente eingewebt, auffällige Bänder, die vermutlich zur Tarnung der Spinne dienen. Auch die langgestreckten Eikokons werden im Netz aufgehängt.

Dreiecksspinne
Hyptiotes paradoxus
Familie Kräuselradnetzspinnen (*Uloboridae*)

Die etwa 5 mm Länge erreichende Dreiecksspinne ist wegen ihres besonders eigenartigen Netzes und der Art, es zu benutzen, bemerkenswert: Sie baut nämlich nur noch ein Rudiment eines Radnetzes, das aus lediglich drei Sektoren besteht. Der breite Teil des Netzes ist an Pflanzen befestigt. Den in einem einzigen Faden auslaufenden schmalen Teil, gewissermaßen die Nabe, hält die Dreiecksspinne mit beiden Vorderbeinen fest und ist daher immer informiert, was im Netz geschieht. Sich selbst hält die Spinne entweder mit den hinteren Beinen an einem Ast fest, oder sie hängt frei an einem Sicherheitsfaden, der in der Vegetation befestigt ist. Die Querfäden der Netzsektoren sind mit Kräuselwolle belegt. Fängt sich nun ein Beutetier im Netz, knäuelt sich das straff gespannte Netz zusammen, und die Spinne wird aktiv.
Als eine der wenigen ungiftigen Spinnen muß die Dreiecksspinne ihre Beute besonders gut einspinnen, bevor sie mit dem Fressen beginnen kann. Nach jedem Fang muß allerdings das ganze Netz neu gewebt werden!
Die Dreiecksspinne ist ein unscheinbares, aber häufiges Tier unserer Fichtenwälder, in denen sie meist etwa in Augenhöhe ihre charakteristischen Netze anlegt.

RL 4

Ameisenspinne
Zodarion germanicum
Familie Ameisenjäger (*Zodariidae*)

Die Ameisenspinne ist ein südliches, wärmebedürftiges Tier, das bei uns nur an wenigen Wärmestellen in Süddeutschland vorkommt und allgemein selten ist. Wie der deutsche Name sagt, ist *Zodarion germanicum* in ihrer Nahrung ausschließlich auf Ameisen spezialisiert. Trotz ihrer geringen Größe (bis etwa 5 mm) überwältigt die Spinne auch wehrhafte Waldameisen.
Ihr Wohngespinst legt sie meist in der Nähe von Ameisennestern unter oder an Steinen oder Holzstücken an und tarnt es mit Sandkörnern, Holzstückchen oder Teilen von Kiefernnadeln.
Auf Beutefang streift die Ameisenspinne umher, bis sie auf eine Ameise trifft: Jetzt hält sie plötzlich an, schleicht sich an die Ameise an und bringt sehr rasch ihren Giftbiß – meist in ein Bein – an, um dann sofort zurückzuweichen und abzuwarten, bis die Ameise, die noch weiterläuft, gelähmt ist. Dann nimmt sie deren Spur auf, beginnt aber erst zu saugen, wenn sie sich vergewissert hat, daß die Ameise vollständig bewegungsunfähig ist.
Trotz dieses streng festgelegten Jagdverhaltens passieren anscheinend recht häufig Unfälle, denn der Anteil der Spinnen, die eines oder mehrere Beine durch den Biß nicht vollständig gelähmter Ameisen verloren haben, ist recht groß!

Zeltdachspinne
Uroctea durandi
Familie Zeltdachspinnen (*Oecobiidae – Urocteinae*)

Die Zeltdachspinne ist mit ihrem Wohngespinst eine besonders charakteristische Spinne südlicher Länder und auf den ersten Blick an den gelben Flecken auf dem Hinterleib erkennbar.
Sie bewohnt sonnige, steinige Ödländer, Steinbrüche und verfallene Häuser und Mauern. Die Weibchen erreichen über 15 mm Länge, die Männchen bleiben aber viel kleiner.
Ein besonderes Kunstwerk ist das Wohngespinst der Zeltdachspinne: Es wird meist an der Unterseite von flachen Steinen angelegt und gleicht einem flachen, runden Zirkuszelt – daher der Name „Zeltdachspinne" – mit sechs bogenförmigen Eingängen. Der Boden des Netzes besteht aus einem Gespinstteppich. Von den Eingängen aus führen je zwei Signalfäden in die Umgebung. Berührt ein Beutetier solch einen Signalfaden, stürzt die Spinne blitzschnell aus dem entsprechenden Eingang heraus, umspinnt die Beute und zerrt sie dann in ihr Wohngespinst hinein. Dies geschieht außerordentlich zielsicher und geradezu überfallartig! Erstaunlicherweise „irrt" sich die Spinne dabei so gut wie nie.
Auch die Eier werden im Wohngespinst abgelegt, und die schlüpfenden Jungspinnen halten sich ebenfalls noch einige Zeit hier auf und werden von der Mutter bewacht.

Sechsaugenspinne
Dysdera crocata
Familie Sechsaugenspinnen (*Dysderidae*)

Die Sechsaugenspinnen sind durch den Besitz von nur 6 statt 8 Augen gekennzeichnet. Bei der Unterfamilie Dysderinae sind diese 6 Augen in einem Sechseck angeordnet. Die Augen sind jedoch wenig leistungsfähig – müssen es auch nicht sein: *Dysdera crocata* z. B. ist ein nächtlicher Jäger, der sich mehr auf seinen Tastsinn als auf die Augen verläßt. Tagsüber lebt die etwa 12 mm lange Spinne in einem Gespinstsack unter Steinen oder Hölzern. Sie verläßt ihn nur zur nächtlichen Jagd. *Dysdera crocata* ernährt sich in der Hauptsache von Asseln, die ihres harten Panzers wegen von den meisten anderen Spinnen verschmäht werden. Als Anpassung an diese „harten Brocken" sind die Chelizeren von *Dysdera* enorm verlängert, und die Endglieder lassen sich wie Pinzetten gegeneinander einschlagen. Die Chelizeren können sich daher sehr weit öffnen und die oberseits festen und glatten Asseln von oben und unten packen und so den festen Panzer durchdringen. *Dysdera*-Arten, vor allem die bei uns häufig in Häuser eindringende *Dysdera crocata,* sind recht wehrhaft. Mit ihren riesigen Chelizeren sind sie sogar imstande, die menschliche Haut zu durchdringen. Fälle von unangenehmen Vergiftungen sind bekannt.

Sechsaugenspinne
Segestria senoculata
Familie Sechsaugenspinnen (*Dysderidae*)

Segestria senoculata, einer der heimischen Vertreter der Unterfamilie Segestrinae, unterscheidet sich vor allem in der Augenstellung von den Dysderinae: Die sechs Augen bilden nämlich zwei mit der Spitze einander zugewandte Dreiecke.
Im Unterschied zu den Dysderinae jagt *Segestria senoculata* (siehe Bild) nicht frei am Boden, sondern lebt in einer ausgesponnenen Röhre mit trichterförmiger Öffnung. Sie kommt in Wäldern unter der Rinde von Kiefern, aber auch in Felsspalten und unter Steinen vor.
Die zweite deutsche Art, *Segestria bavarica,* lebt nur an felsigen Orten in Gesteinsspalten, in Südeuropa auch in Mauerritzen.
Beide Arten liegen im Eingang ihrer Gespinströhre auf der Lauer und erbeuten Insekten, Asseln und andere Kleintiere, die in die Nähe der Röhrenmündung kommen oder die Trichteröffnung berühren.
Segestria senoculata wird etwa 10 mm lang, *Segestria bavarica* kann die Länge von 15 mm erreichen und ist eine der größten deutschen Spinnen.
Eine dritte, noch größere Art, *Segestria florentina,* findet man in Südeuropa häufig in Mauerritzen. Die Bisse dieser großen Spinne können recht unangenehm sein.

Speispinne
Scytodes thoracica
Familie Speispinnen (*Scytodidae*)

Die Speispinne *Scytodes thoracica* ist eigentlich in Südeuropa heimisch und kommt bei uns fast ausschließlich in Häusern vor. Sie ist aber selten und überdies ein ausgesprochenes Nachttier. In Südeuropa ist sie dagegen auch draußen unter flachen Steinen zu finden.

Die etwa 5 mm lange Spinne ist durch den Besitz von nur sechs Augen gekennzeichnet, die in drei Gruppen am Vorderrand und an den Seiten des Vorderkörpers sitzen.

Das Beutefangverhalten von *Scytodes* ist ganz ungewöhnlich für eine Spinne: Sie baut kein Netz, sondern fesselt ihre Beute – meist kleinere Fliegen und Mücken – durch klebrige Fangfäden, die sie aus den Chelizeren ausschleudert. Die Giftdrüsen sind bei dieser Art nämlich zweigeteilt: Der eine Teil produziert das Gift für den Tötungsbiß, der andere, größere Teil bildet die Klebfäden. Hat *Scytodes* eine Beute entdeckt, schleicht sie sich in charakteristischer Weise an und speit aus etwa 2 mm Abstand ihre Klebfäden über das Beutetier aus, fesselt es damit und tötet es anschließend durch den Giftbiß.

Die Spinnwarzen benutzt die Speispinne nur dazu, sich ein einfaches Wohngespinst zu bauen und ihre Eier einzuspinnen. Diese werden von der Mutter am Bauch herumgetragen.

Zitterspinne

Pholcus phalangoides
Familie Zitterspinnen (*Pholcidae*)

Oberflächlich gesehen gleicht *Pholcus phalangoides* (siehe Bild) sehr einem langbeinigen Weberknecht. Von diesem ist sie aber leicht am deutlich abgeschnürten Hinterleib zu unterscheiden.
Pholcus phalangoides wird bis 10 mm lang und lebt ebenso wie die zweite, kleinere Art *Pholcus opilionoides* fast ausschließlich in Häusern, Kellern und Schuppen. Die extrem langbeinigen Spinnen hängen bauchoben in ihren unregelmäßigen, aus ziemlich wenigen Fäden bestehenden Netzen, die gleichmäßig mit Klebeflüssigkeit, nicht wie sonst üblich mit Tröpfchen, besetzt sind.
Als Nahrung dienen vor allem kleine Fliegen und Mücken, z. B. die im Herbst in die Häuser eindringenden Stechmücken. *Pholcus phalangoides* ist daher ein ausgesprochen nützliches Tier!
Das Aussaugen der Beute dauert sehr lange, da *Pholcus* seine Beute nicht knetet oder walkt. Meist wird die Mücke nur an einem Bein angebissen und durch diese enge Röhre vollständig ausgesaugt, wobei das Außenskelett völlig erhalten bleibt.
Der Name Zitterspinnen bezieht sich auf die Angewohnheit der Spinnen, bei Störungen im Netz in sehr schnelle Schwingungen zu geraten, wodurch die sowieso schon unscheinbaren, dünnen Tiere gänzlich unsichtbar werden.

Plattbauchspinne
Gnaphosa **cf.** *lucifuga*
Familie Plattbauchspinnen (*Gnaphosidae = Drassodidae*)

Gnaphosa lucifuga gehört zu einer recht artenreichen Gattung außerordentlich ähnlicher, düster graubrauner Spinnen ohne besondere Zeichnung.
Die Bestimmung der einzelnen Arten ist nur dem Spezialisten möglich, der dazu vor allem die männlichen und weiblichen Geschlechtsorgane, Taster und Epigyne, benutzt. Die weiblichen Epigyne und das Endglied des männlichen Tasters sind bei den meisten Spinnen sehr kompliziert gestaltet und „passen" nur bei der gleichen Art zusammen. Eine Paarung von Männchen und Weibchen verschiedener Arten wird somit schon mechanisch verhindert. Meist ist aber auch das Balz- und Paarungsverhalten bei jeder Art etwas abweichend, so daß sich Männchen und Weibchen verschiedener Arten gar nicht „verstehen". Der Sinn der Verhinderung von Fremdbefruchtung ist es, das arteigene Erbgut und damit die harmonischen Anpassungen von Körperbau und Verhalten an eine bestimmte Lebensweise zu erhalten.
Gnaphosa lucifuga lebt wie die meisten ihrer Gattungsgenossen vorzugsweise in Wäldern und hält sich tagsüber unter Steinen, Holz oder im Moos verborgen. Nachts kommt sie heraus und streift herum. Sie besitzt jedoch kein Wohngespinst.

Plattbauchspinne
Zelotes cf. *subterraneus*
Familie Plattbauchspinnen (*Gnaphosidae* = *Drassodidae*)

Die knapp 20 Arten der Gattung *Zelotes* sind einander sehr ähnlich: Fast alle sind schwarz gefärbt, lediglich die Beinfärbung variiert in gewissen Grenzen. Wie die übrigen Arten bewohnt auch *Zelotes subterraneus* bevorzugt trockene, sonnige Lebensräume, Wacholderheiden, Trockenrasen und Ödländer und findet sich tagsüber vor allem unter Steinen. Abweichend von den meisten anderen Gnaphosidae stellen die *Zelotes*-Arten meist kein Wohngespinst her. Sie sind hauptsächlich nachts aktiv, werden aber weit häufiger als andere Gnaphosidae auch tagsüber im Sonnenschein herumstreifend angetroffen. Sie jagen alle möglichen Kleintiere, darunter auch Ameisen. Ihre charakteristische Fortbewegungsweise – ein Wechsel von flinkem Laufen und ruckartigem Anhalten – macht sie für Feinde nur sehr schwer lokalisierbar.

Die Paarung verläuft ohne eigentliche Balz. Charakteristisch sind die flachen, sehr dicht gewebten Eikokons, die an der Unterseite von Steinen befestigt werden.

Da die meisten *Zelotes*-Arten sehr wärmeliebend sind, leben einige bei uns schon am Rande ihres südlichen oder südöstlichen Verbreitungsgebietes und sind selten oder gar in ihrem Bestand gefährdet. Einige stehen daher auf der Roten Liste.

Plattbauchspinne
Drassodes cf. *lapidosus*
Familie Plattbauchspinnen (*Gnaphosidae* = *Drassodidae*)

Drassodes lapidosus ist mit ihrer Körperlänge von annähernd 18 mm eine der größten einheimischen Spinnen und auch die größte und häufigste Art ihrer Gattung.
Durch ihre graubraune Färbung und ihren langgestreckten Hinterleib sieht sie manchen Sackspinnen *(Clubionidae)* sehr ähnlich, unterscheidet sich aber von diesen auf den ersten Blick durch die langen, zylindrischen Spinnwarzen.
Die große Spinne ruht tagsüber in einem selbstgesponnenen Wohnsack unter großen Steinen und geht erst nachts auf die Jagd.
Drassodes lapidosus kommt in warmen, trockenen Gegenden vor, besonders auf Trockenrasen, aber auch auf Ödländern und in Steinbrüchen u.ä. mit ziemlich schütterer Pflanzenbedeckung.
Die Paarung und Eiablage findet im Wohnsack des Weibchens statt; hier wird auch der Eikokon abgelegt, der nun doppelt geschützt ist: zum einen durch den Wohnsack, zum andern durch das große, recht wehrhafte Weibchen.
Auch die 6 weiteren, sehr ähnlich gefärbten gelbbraunen bis braunen, aber durchschnittlich kleineren einheimischen *Drassodes*-Arten bevorzugen trockene Lebensräume und führen eine recht ähnliche Lebensweise. Ihre Unterscheidung ist allerdings schwierig!

Feenlämpchenspinne
Agroeca brunnea
Familie Sackspinnen (*Clubionidae*)

Agroeca brunnea ist eine unscheinbare, etwa 8 mm große, bräunliche Spinne der Waldränder und Lichtungen. Sie ist weit verbreitet, ihre Anwesenheit erkennt man aber am besten an den von ihr verfertigten charakteristischen Eikokons (Feenlämpchen), da die Spinne selbst im Moos oder unter Holz oder Streu am Waldboden im Verborgenen lebt.

Das sogenannte Feenlämpchen wird im Spätsommer in zwei „Nachtschichten" hergestellt: In der ersten Nacht spinnt das Weibchen den glockenförmigen Kokon, der mit mehreren Seidenfäden an einer Pflanze befestigt wird und legt ihre Eier hinein. In der darauffolgenden Nacht verkleidet es den Kokon dann mit Erdkrumen.

Der Kokon selbst ist in zwei übereinanderliegende Kammern geteilt: Die obere Kammer enthält die Eier, in der unteren können sich die Jungspinnen bis zur ersten Häutung aufhalten.

Die Feenlämpchen von *Agroeca brunnea* werden besonders oft von Schlupfwespenlarven parasitiert. Die Wespen können den Kokon allerdings nur in feuchtem Zustand anstechen.

Die erwachsene Spinne scheint im Gegensatz zu den übrigen Sackspinnen keinen Gespinstsack als Wohnung zu bauen, sondern sitzt unter Steinen oder im feuchten Moos und Bodenlaub.

Sackspinne
Clubiona sp.
Familie Sackspinnen (*Clubionidae*)

Die zahlreichen Sackspinnen der Gattung *Clubiona* sind sich äußerlich so ähnlich, daß selbst der Spezialist Mühe hat, sie anhand ihrer Geschlechtsorgane auseinanderzuhalten!
Die mittelgroßen bis großen Spinnen sind nachtaktiv und verstecken sich tagsüber unter Steinen, Hölzern und in der Vegetation in einem sackartigen Wohngespinst. Manche Arten errichten sich ihren Schlupfwinkel sogar in Schilfblättern, indem sie ein Blatt zweimal knicken, eine allseits geschlossene Kammer herstellen und diese dann austapezieren. Man findet solche Wohngespinste nicht selten in Schilfrieden und auf Sumpfwiesen.
Der Wohnsack der *Clubiona*-Arten dient nicht nur als Schlupfwinkel, sondern auch der Ablage des Eikokons und der Aufzucht der Jungspinnen, die sich nach dem Schlüpfen noch längere Zeit in seinem Schutz aufhalten.
Nachts streifen die *Clubiona*-Arten auf der Nahrungssuche auf dem Erdboden, auf Bäumen und in der Vegetation frei herum. Ihre kleinen, nicht sehr leistungsfähigen Augen, sowie die gelbbraune Färbung kennzeichnen sie als ausgesprochene Nachttiere. Für die Orientierung verlassen sie sich vor allem auf ihre langen Tasthaare, die bereits auf kleinste Luftbewegungen reagieren.

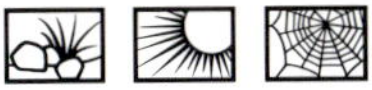

Sackspinne
Micaria sp.
Familie Sackspinnen (*Clubionidae*)

Die etwa 10 bei uns vorkommenden Arten der Gattung *Micaria* nehmen unter den Sackspinnen bzw. Plattbauchspinnen, zu denen sie manchmal gerechnet werden (zu welcher der beiden Familien sie tatsächlich gehören, ist noch unklar!), eine Sonderstellung ein, denn sie sind tagaktiv und weisen eine lebhafte schwarz-rote oder schwarz-gelbe Zeichnung auf.
Alle Arten besiedeln warme, sonnige, ameisenreiche Trockenstandorte. Sie legen ihr Wohngespinst unter Steinen an, sind jedoch tagsüber aktiv und bewegen sich ohne Scheu im Sonnenschein.
Beim schnellen Herumlaufen halten sie meist den Hinterleib empor und wirken daher, oberflächlich betrachtet, ziemlich ameisenähnlich. In der Tat scheint bei ihnen ein Fall von Mimikry – Nachahmung gefährlicher oder abschreckend gefärbter, schlecht schmeckender Tiere durch harmlose Nachahmer – vorzuliegen. Inwiefern die *Micaria*-Arten nur eine defensive Mimikry – zur Abwehr von Feinden – ausführen und nicht vielmehr eine aggressive Mimikry – Anpassung in Färbung und Verhalten an die potentiellen Beutetiere – ist noch unklar. Jedenfalls wurden *Micaria*-Arten bereits beim Fangen und Verzehren von Ameisen beobachtet.

Ammen-Dornfinger

Cheiracanthium punctorium
Familie Sackspinnen (*Clubionidae*)

Der Dornfinger ist die einzige wirklich giftige Spinne bei uns. Er ist zugleich die größte Art seiner Gattung und erreicht 14 mm Länge. Das Männchen bleibt allerdings wesentlich kleiner (bis 10 mm).

Der Dornfinger bewohnt Wiesen mit hohem Gras, ist aber bei uns auf besonders warme Gebiete beschränkt. (Er ist z.B. im Kaiserstuhl nicht selten.)

Wie die meisten Sackspinnen baut sich der Dornfinger einen rundum geschlossenen Wohnsack aus zusammengesponnen Gräsern, in dem er sich tagsüber verbirgt.

Vor der Paarung leben Männchen und Weibchen zusammen in einem allerdings viel größeren gemeinsamen Gespinstsack. In diesem legt auch das Weibchen im Herbst den Eikokon, in dem die Jungspinnen noch einige Zeit nach dem Schlüpfen bleiben.

In dieser Zeit ist es durchaus nicht ratsam, durch hohe Wiesen zu gehen, in denen Dornfinger leben, denn die Weibchen verteidigen ihren Kokon bzw. die Jungspinnen heftig und sind sehr aggressiv!

Der Biß eines Dornfingers kann länger anhaltende Schmerzen, Lähmungen und Schüttelfrost bewirken, bleibt jedoch ohne weitere Folgen. Die Erscheinungen klingen spätestens nach zwei Wochen ab.

Hain-Dornfinger
Cheiracanthium cf. *dumetorum*
Familie Sackspinnen (*Clubionidae*)

Cheiracanthium dumetorum ist die Dornfingerart mit der weitesten Verbreitung in Deutschland.
Die Spinne bewohnt feuchte Wiesen, aber auch Schilf- und Riedbestände und webt sich dort in gleicher Weise wie der Ammen-Dornfinger ein Wohngespinst aus mehreren Halmen zusammen. Auch sie bewacht Eikokon und Jungspinnen eifersüchtig; angesichts ihrer weit geringeren Größe – das Weibchen erreicht nur 9 mm Länge – ist ihr Biß jedoch völlig harmlos.
Das Balz- und Paarungsverhalten der Dornfinger ist besonders interessant: Das Männchen sucht vor der Paarung ein geschlechtsreifes Weibchen auf und „klopft“ gewissermaßen mit seinen Palpen und dem ersten Beinpaar „an die Tür“, d. h. es beklopft das Wohngespinst des Weibchens. Diese Anmeldung hat den Sinn, dem Weibchen zu bedeuten, daß ein Männchen vor der Tür steht, und es zugleich paarungsbereit zu stimmen. Nach einiger Zeit beißt es das Wohngespinst auf, schlüpft hinein und berührt die Beine des Weibchens. Vor der Paarung umwickelt es dann Chelizeren und Beine des Weibchens mit Spinnfäden und „fesselt“ es gewissermaßen. Doch hat die Fesselung mehr symbolische Bedeutung, da das Weibchen sich nach der Paarung sehr rasch von den Spinnfäden befreien kann.

Zartspinne
Anyphaena accentuata
Familie Zartspinnen (*Anyphaenidae*)

Der einzige bei uns vorkommende Vertreter der Familie *Anyphaenidae*, die Zartspinne, ist leicht an ihrem markanten Fleckenmuster auf dem Hinterleib zu erkennen. Sonst ist es eine ziemlich unscheinbare, bis etwa 8 mm lange Spinne, die sehr an die Sackspinnen (*Clubionidae*) erinnert und auch oft in diese Familie eingereiht wird. Der einzige wichtige Unterschied zwischen den beiden Familien liegt in der Stellung der Tracheenöffnung (Stigma), die bei *Anyphaena* in der Mitte des Bauches, weit vor den Spinnwarzen gelegen ist, während sie bei den Sackspinnen vor den Spinnwarzen liegt.

Die Zartspinne lebt auf Bäumen, Sträuchern und Gebüsch an Waldrändern und in Wiesen. Sie ist nachtaktiv und zieht sich tagsüber in einen Schlupfwinkel zurück. Diesen spinnt sie aus mehreren Blättern zu einer beidseitig offenen Röhre zusammen.
Die Zartspinne wird schon im Mai geschlechtsreif.
Bei der Werbung trommeln die Männchen mit ihren Tastern auf das Schlupfgehäuse der Weibchen, um diese in Paarungsstimmung zu versetzen. Solche akustischen oder thigmotaktischen Signale spielen bei der Balz sehr vieler Spinnen eine hervorragende Rolle.

Zora spinimana
Familie *Zoridae*

Zora spinimana ist eine der 4 bei uns vorkommenden Arten der Familie Zoridae. Die verwandtschaftliche Stellung dieser Familie ist noch unsicher. Von einigen Autoren werden die Zoridae zu den tropischen Kammspinnen (Ctenidae) gerechnet, zu denen einige der giftigsten und gefährlichsten Spinnen zählen. Unsere Arten sind jedoch klein und vollkommen harmlos.

Zora spinimana erreicht etwa 7 mm Länge. Äußerlich gleicht sie sehr einer Wolfsspinne (Lycosidae), zumal sie auch eine ähnliche Lebensweise führt. Der wichtigste Unterschied zu den Wolfsspinnen ist die Stellung der Augen, deren hintere Reihe bei den Zoridae nicht viel größer ist als die vordere und in Trapezform angeordnet ist.

Zora spinimana ist eine häufige und weit verbreitete Spinne, die in Wäldern, Wiesen und Moorgebieten anzutreffen ist. Sie lebt am Boden und jagt dort freilaufend, ohne ein Netz anzulegen.

Die Tibien und Metatarsen ihrer zwei vorderen Beinpaare sind mit langen, aufrichtbaren Stacheln besetzt, die einen Fangkorb bilden. Damit kann die Spinne kleine Beutetiere ergreifen und festhalten und sich vor ihnen schützen, zumal wenn es sich um wehrhafte Arten handelt.

Zebraspringspinne
Salticus scenicus
Familie Springspinnen (*Salticidae*)

Die Zebraspringspinne ist sicherlich eine der auffälligsten Spinnen, die auch vom interessierten Laien leicht beobachtet werden kann. Die Art wird nämlich relativ groß (bis 7,5 mm), ist auffällig gezeichnet und findet sich häufig auf sonnenexponierten Hauswänden, Mauern und Zaunpfählen. Wie sehr viele andere Springspinnen auch, ist sie als Tagtier sehr wärmebedürftig und sonnenhungrig und läuft auf der Jagd nach kleinen Insekten, vor allem Fliegen, Mücken und Ameisen, im prallen Sonnenschein lebhaft umher.
Die Springspinnen sind mit etwa 4000 bekannten Arten sicherlich die größte Spinnenfamilie und haben besonders in den Tropen eine unerschöpfliche Formen- und Farbenvielfalt hervorgebracht.
Springspinnen sind auf den ersten Blick an der Stellung und Größe ihrer Augen zu erkennen: Besonders auffällig wirken die großen, parallel nach vorn gerichteten Vorderen Mittelaugen, die den Spinnen ein hervorragendes Bewegungssehen und vermutlich auch ein recht gut entwickeltes Form- und Farbsehen verleihen. Ein weiteres Merkmal der Springspinnen ist ihr gedrungener Körperbau, eine mechanische Anpassung an die springende Fortbewegung.

Springspinne
Marpissa muscosa
Familie Springspinnen (*Salticidae*)

Bei dieser Art gleichen sich Männchen und Weibchen in ihrer Größe und in der unscheinbaren Färbung sehr.
Die etwas abgeflachte Spinne lebt in trockenen, sonnigen Kiefernwäldern, vor allem auf und unter lockerer Rinde, unter die sie sich verkriechen kann. Ihre braune Färbung wirkt sicherlich als vorzügliche Tarnung, daher ist das Tier auf Kiefernrinde auch nur äußerst schwer zu erkennen.
Diese Tarnung wird zusätzlich noch durch die Bewegungsweise des Tieres (übrigens auch der anderen Springspinnen) verstärkt. Springspinnen bewegen sich, wie ihr Name andeutet, in erstaunlich weiten Sprüngen fort, oder sie rennen kurze Strecken und bleiben dann ruckartig stehen, so daß es schwer fällt, sie zu lokalisieren, zumal wenn sie eine Tarntracht tragen. Beim Sprung ziehen die Springspinnen immer einen Sicherheitsfaden hinter sich her. Dies ist besonders für Spinnen wichtig, die auf Baumstämmen, an Mauern oder in der Vegetation leben.
Bei einem Fehlsprung stürzen sie nicht ab, sondern können am Sicherheitsfaden wieder zum Absprungort zurückklettern, bzw. ihr Sturz wird auf jeden Fall gemindert. Meist ist der Sprung jedoch sehr zielsicher.

Springspinne
Evarcha falcata
Familie Springspinnen (*Salticidae*)

Evarcha falcata ist eine unserer häufigsten Springspinnen.
Die Geschlechter zeigen auch bei dieser Art einen auffälligen Sexualdimorphismus: Dem Weibchen fehlen vor allem die weißen Ränder an Vorder- und Hinterkörper und die helle Behaarung am Palpus.
Evarcha falcata kommt in lichten Wäldern, besonders in Kiefernwäldern, aber auch auf Heiden vor und lebt bevorzugt im Gras oder auf anderen niederen Pflanzen, wo sie herumklettert oder von Halm zu Halm springt.
Für diese Lebensweise ist gutes Sehvermögen eine unabdingbare Voraussetzung! Vor allem müssen Entfernungen abgeschätzt und Gegenstände erkannt werden. Die Augen der Springspinnen leisten dies in hervorragender Weise. Insbesondere die riesigen Vorderen Mittelaugen sind außerordentlich leistungsfähig. Obwohl der Sehwinkel infolge der starken Vergrößerung gering ist, wird dieser Mangel durch die enorme Beweglichkeit der Netzhaut ausgeglichen. Diese kann sich nach allen Richtungen bewegen, auch vorwölben und zurückziehen, und ist hierin sicherlich leistungsfähiger als das menschliche Auge.
Die großen Augen lassen auch die Springspinnen weniger abschreckend erscheinen als andere Spinnen.

Springspinne
Sitticus pubescens
Familie Springspinnen (*Salticidae*)

Sitticus pubescens ist eine der unscheinbar gefärbten Springspinnen. Sie wird etwa 5 mm lang; das etwas kleinere Männchen ist bei dieser Art dunkler gefärbt als das Weibchen.
Sitticus pubescens ist ein sonnenliebendes Tier, das leicht zu beobachten wäre, wenn die graue Tarnfärbung dies nicht sehr erschweren würde. Die Springspinne lebt nämlich vorzugsweise an Mauern, Zäunen, aber auch an Hauswänden und in Gärten, wo sie lebhaft auf Jagd geht.
Die Pirsch der Springspinnen ist ein faszinierendes Erlebnis: Die Spinnen lauern entweder, bis sie ein Beutetier wahrnehmen, oder sie streifen auf der Suche in kurzem, ruckartigem Lauf herum. Diese Bewegungsweise erschwert die genaue Lokalisation der Spinne, da sie beim Anhalten sofort wieder unsichtbar wird. Hat die Spinne, meist mit den Seitenaugen, eine Bewegung wahrgenommen, dreht sie sich frontal ihrem Opfer zu und fixiert es. Ist die Distanz noch zu groß, schleicht sie sich näher heran und erbeutet es dann mit einem weiten Sprung. Der Sprung ist recht zielsicher, denn die Spinne ist mit ihren riesigen Vorderen Mittelaugen imstande, Entfernungen zu schätzen. Mißlingt der Sprung, stürzt die Spinne nicht ab, sondern kehrt am Sicherheitsfaden zum Ausgangspunkt zurück.

RL 2

Springspinne
Philaeus chrysops
Familie Springspinnen (*Salticidae*)

Das Männchen von *Philaeus chrysops* ist mit seinem leuchtend ziegelrot gefärbten Hinterleib mit schwarzem Längsstreif eine besonders schöne und zugleich seltene Springspinne. Es erreicht etwa 8 mm Länge; das graubraun gefärbte Weibchen kann dagegen bis 12 mm lang werden.
Ein solcher Sexualdimorphismus (unterschiedliche Färbung oder Körperform der Geschlechter) ist bei den Springspinnen besonders häufig anzutreffen und steht wohl im Zusammenhang mit dem ausgeprägten Balzverhalten, bei dem die Männchen den Weibchen kontrastreich oder auffällig gefärbte Körperpartien vorweisen. Dies setzt allerdings voraus, daß die Springspinnen zu Form- und Farbsehen befähigt sind, Leistungen, die vielen Gliedertieren und auch den meisten Spinnen versagt sind.
Philaeus chrysops ist eine sehr wärmeliebende Art, die in Südeuropa nicht selten ist, bei uns jedoch nur an wenigen Stellen in Süddeutschland vorkommt (etwa am Kaiserstuhl und an manchen Orten auf der Fränkischen Alb), an denen sie südexponierte, besonnte, schütter bewachsene Hänge bewohnt. Diese Art ist bei uns stark gefährdet, da ihre Wohngebiete durch die Flurbereinigung ebenfalls gefährdet sind!

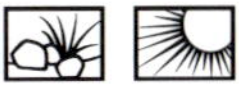

Ameisenspringspinne
Myrmarachne formicaria
Familie Springspinnen (*Salticidae*)

Myrmarachne formicaria ist eine der sogenannten „Ameisenspinnen", d. h. eine Art, die in Körperform, Färbung und Verhalten Ameisen nachahmt.
Die „Ameisentracht" wird bei der Ameisenspringspinne durch den großen, viereckigen Vorderteil des Prosoma, die überbetonte Einschnürung zwischen Vorder- und Hinterkörper, sowie die schwarz-rote Färbung hervorgerufen. Sieht man die Spinne dann auch noch auf den drei hinteren Beinpaaren, das vordere Paar wie Fühler nach vorn getreckt, hastig herumlaufen, muß man schon genau hinsehen, um sie von richtigen Ameisen zu unterscheiden.

Die Ameisenspinne zeigt einen besonders ausgeprägten Sexualdimorphismus, denn das Männchen besitzt enorm lange, nach vorn gerichtete Chelizeren, die den Mundwerkzeugen (Mandibeln) der Ameisen noch ähnlicher sehen. Infolge der großen Chelizeren wird das Männchen dieser Art mit etwa 6,5 mm Länge deutlich größer als das Weibchen. Weshalb nur das Männchen die vergrößerten Chelizeren besitzt, ist bisher noch unbekannt.
Die Ameisenspringspinne ist sehr wärmebedürftig und findet sich bei uns auf sonnigen Ödländern und Trockenrasen, in Norddeutschland fehlt sie.

Springspinne
Synageles venator
Familie Springspinnen (*Salticidae*)

Synageles venator ist eine weitere Ameisenspinne unserer heimischen Fauna. Mit bis 4 mm Länge bleibt sie allerdings ziemlich klein. Männchen und Weibchen unterscheiden sich nicht.

Die Spinne bewohnt trockene Örtlichkeiten, überall wo Ameisen häufig sind. Sie klettert auch gern an Bäumen, Mauern und in niedriger Vegetation. Es ist erstaunlich, wie täuschend diese Spinne einer Ameise gleicht.

Dies hat seinen Grund vor allem in ihrem Verhalten: Sie trägt nämlich ihr erstes Beinpaar, ganz wie die Ameisen ihre Fühler, geknickt, und läuft genauso wie eine Ameise herum.

Auch diese Spinne ernährt sich nicht von Ameisen, sondern vertraut offensichtlich nur auf den Schutz, den eine Ameisentracht gewährt.

Die Deutung dieser „Mimikry" (Nachahmung einer anderen, wehrhaften oder unangenehm schmeckenden Art) ist nicht ganz unbestritten, weil auch die nachahmende Spinne sich gegen Feinde durchaus wehren könnte. Anscheinend haben aber zumindest viele Vögel eine Abneigung gegen Ameisen – vielleicht wegen der stechend schmeckenden Ameisensäure. Tatsächlich ist die Spinne gegen die Nachstellungen durch Vögel offenbar geschützt.

Veränderliche Krabbenspinne
Misumena vatia
Familie Krabbenspinnen (*Thomisidae*)

Misumena vatia ist eine der größten heimischen Krabbenspinnen. Bei ihr weisen Männchen und Weibchen besonders große Unterschiede in Körpergröße und Färbung auf:
Während das Männchen höchstens 4 mm lang wird und meist braun gefärbt ist, kann das Weibchen bis über 10 mm groß werden und ist gelb oder weiß. Es ist allerdings imstande, seine Färbung der Umgebung anzupassen. Als Bewohner von Blüten ist es auf weißen Blüten weiß, auf gelben gelb und auf grünen Blättern gelbgrün. Der Farbwechsel beruht auf einem gelben, in die Hautzellen eingelagerten Farbstoff, der im Kot teilweise ausgeschieden werden kann. Das bewirkt dann die Umfärbung der Spinne. Allerdings dauert es einige Zeit, bis sich die Spinne wieder ihrer Umgebung farblich angepaßt hat.
Misumena vatia bewohnt trockene Wiesen und sonnige Waldwege und lauert wie die meisten Krabbenspinnen bewegungslos auf verschiedenen Blüten oder auf Blättern.
Die Beute, oft sehr große und wehrhafte Insekten wie blütenbesuchende Honigbienen, große Fliegen und Schmetterlinge, wird überfallen und gebissen und gleich danach ausgesaugt. Das Gift scheint schnell zu wirken.

Krabbenspinne
Thomisus onustus
Familie Krabbenspinnen (*Thomisidae)*

Die Krabbenspinnen erhielten ihren Namen nach ihrer Fähigkeit, ebensogut seitwärts und rückwärts wie vorwärts zu laufen. Wie bei den Krabben, mit denen sie sonst aber nichts gemein haben, sind bei ihnen die Beine seitlich gestellt. Auch der Hinterkörper ist bei sehr vielen Arten deutlich verbreitert, bei der hier abgebildeten Art *Thomisus onustus* ist er etwas trapezförmig erweitert.
Von den nah verwandten Laufspinnen (Philodromidae) unterscheiden sich die Krabbenspinnen insbesondere durch ihre verlängerten beiden vorderen Beinpaare, die sie zum Festhalten ihrer Beute benutzen.
Thomisus onustus ist eine recht große Art, denn das Weibchen kann fast 10 mm Länge erreichen. Sie ist zwar nicht zum Farbwechsel fähig, hält sich aber meist auf gelben Blüten auf, auf denen sie vorzüglich getarnt ist.
Wie die meisten Krabbenspinnen frißt sie relativ große und kräftige Beutetiere, die durch einen gezielten Biß schnell gelähmt werden.
Als Tagtiere können Krabbenspinnen recht gut sehen und sie orientieren sich optisch. Sie erkennen daher auch ihre Beutetiere.
Als sehr wärmeliebende Art kommt *Thomisus onustus* auf Trockenrasen und sonnigen Wiesen in Wärmegebieten vor.

Krabbenspinne
Xysticus ulmi
Familie Krabbenspinnen (*Thomisidae*)

Die Gattung *Xysticus* umfaßt zahlreiche, meist in verschiedenen Grau-und Brauntönen gefärbte Arten.
Xysticus ulmi ist eine häufige Art, die auf feuchten Wiesen und an Ufern vorkommt.
Bei allen Arten der Gattung *Xysticus* weist bereits die Färbung darauf hin, daß sie nicht auf Blüten lauern, sondern sich mehr in der Krautschicht und auf niedriger Vegetation aufhalten, aber auch häufig auf dem Erdboden herumlaufen.
Bei diesen Arten ist das Männchen nicht so viel kleiner als bei manchen blütenbewohnenden Krabbenspinnen. Bei *Xysticus ulmi* mißt es zum Beispiel etwa 4 mm, während das Weibchen 6 mm Länge erreicht.
Bei der Paarung der *Xysticus*-Arten legt das Männchen dem Weibchen „Fesseln" an, d.h. es umspinnt die Beine des Weibchens mit einigen Fäden, die das Weibchen nach der Paarung jedoch ohne weiteres wieder abstreift. Das sind sicher, stammesgeschichtlich gesehen, die „Reste" eines einstmals für das Männchen notwendigen Verhaltens, um nicht nach der Paarung aufgefressen zu werden.
Das Weibchen bewacht den Kokon und beißt ihn vor dem Schlüpfen der Jungtiere auf – eine hochentwickelte, aber gefährliche Brutpflege.

Grüne Krabbenspinne

Diaea dorsata

Familie Krabbenspinnen (*Thomisidae*)

Die sehr langbeinige Grüne Krabbenspinne bewohnt Waldränder und höheres Gebüsch, wo sie auf Ästen und auf Blättern – bevorzugt auf Eichenblättern – auf der Lauer liegt.

Da Krabbenspinnen keinen Schlupfwinkel besitzen, sind sie Feinden besonders schutzlos ausgeliefert. Als gut sehende „Augentiere" sind sie aber imstande, bei Bedrohung sich sehr rasch nach rückwärts oder seitwärts in Sicherheit zu bringen, wobei ihnen ihre Tarnfärbung wichtige Dienste leistet.

Eine auf einem Blatt lauernde *Diaea* wird sich bei Annäherung blitzschnell unter das Blatt zurückziehen und verschwindet somit plötzlich vor dem Auge des Feindes. Man kann dann gut beobachten, wie sie nach einiger Zeit wieder hervorkommt und vorsichtig wieder ihre frühere Position auf dem Blatt einnimmt, denn die allermeisten Krabbenspinnen sind ausgesprochene „Sonnentiere".

Das Balzverhalten der Männchen von *Diaea dorsata* ist insoweit ungewöhnlich, daß die Männchen sich sogenannte „Kommentkämpfe" liefern, ohne sich jedoch gegenseitig etwas zu tun. Sie stehen sich dabei mit ausgebreiteten Vorderbeinen oft längere Zeit gegenüber und umkreisen sich, bis es dem „Unterlegenen" endlich zu dumm wird.

Flachstrecker
Philodromus margaritatus
Familie Laufspinnen (*Philodromidae*)

Die Laufspinnen sind recht nah mit den Krabbenspinnen (Thomisidae) verwandt, mit denen sie in der seitlichen Stellung der Beine übereinstimmen. Im Unterschied zu den Krabbenspinnen sind bei den Laufspinnen allerdings alle Beine gleich lang.
Philodromus margaritatus und die übrigen Arten dieser Gattung leben in Wäldern, vor allem Nadelwäldern, in denen sie sich auf und unter der Rinde von Bäumen aufhalten und auch überwintern. Sie bauen keine Netze, sondern jagen ihre Beute, kleine Insekten und auch Ameisen, freilaufend auf der Rindenoberfläche, wobei sie recht große Geschwindigkeiten erreichen können. Im Gegensatz zu den meisten Krabbenspinnen sind sie also keine ausgesprochenen Lauerjäger.
In Anpassung an ihren bevorzugten Lebensraum, die Baumrinde, sind sie ziemlich stark abgeplattet, so daß sie sich unter der Rinde verbergen können. Außerdem sind die meisten Arten lebhaft grau und schwarz gesprenkelt oder gescheckt. Diese Zeichnung, vor allem an den Beinen vorzüglich entwickelt, ist eine hervorragende Tarnung. Eine reglos sitzende Laufspinne ist z.B. auf Fichtenrinde, vor allem, wenn sie mit Flechten besetzt ist, fast unsichtbar. Auch die Laufspinnen sind ohne weiteres fähig, rückwärts und seitwärts zu laufen.

Laufspinne
Thanatus formicinus
Familie Laufspinnen (*Philodromidae*)

Die Arten der Gattung *Thanatus* sind leicht an dem dunklen, lanzettförmigen Fleck vorn auf dem Hinterleib zu erkennen, die Unterscheidung der einzelnen Arten ist jedoch schwierig. Von den übrigen Laufspinnen unterscheiden sie sich durch ihre deutlich kürzeren Beine, daher sind sie auch keine derartig schnellen Läufer wie etwa die *Philodromus*-Arten.

Thanatus formicinus ist die größte Art der Gattung und kann fast 12 mm lang werden. Sie lebt vor allem in der Bodenstreu und in der Moosschicht von Wäldern, wo sie auf der Jagd nach Bodeninsekten umherstreift.

Wie bei sehr vielen Spinnen ist das Männchen von *Thanatus formicinus* nicht nur erheblich kleiner als das Weibchen, sondern besitzt auch einen deutlich schlankeren Hinterleib und viel längere Beine. Männchen müssen auf der Suche nach Weibchen viel mehr herumlaufen und brauchen daher längere Beine. Andererseits entfällt bei ihnen die mühevolle Arbeit der Eiablage, eventuell auch der Brutpflege, daher brauchen sie nicht so kräftig zu sein und der Hinterleib vor allem kann kleiner bleiben. Dieser wird bei eitragenden Weibchen mitunter bis auf das Doppelte seiner Größe gedehnt. Sicher haben die robusteren Weibchen auch weniger Feinde zu fürchten – ein guter Schutz für die Nachkommen!

Grüne Huschspinne
Micrommata rosea (M. viridissima)
Familie Jagdspinnen (*Eusparassidae*)

Die Grüne Huschspinne ist der einzige deutsche Vertreter einer in den Tropen weit verbreiteten Familie meist sehr großer, flacher Spinnen, die als „Bananenspinnen“ auch häufig zu uns kommen. Dank ihrer grünen Färbung wird sie in der Vegetation leicht übersehen.

Das einfarbig grüne Weibchen wird etwa 12–14 mm groß, das kleinere Männchen hat einen auffälligen roten Mittelstreif auf dem Hinterleib. Im Unterschied zu den tropischen Arten sind bei unserer Huschspinne die Beine nicht seitlich gestellt.

Die Grüne Huschspinne lebt in der niedrigen Vegetation von Waldrändern und dichten Wiesen, kommt aber auch in hohen Sumpfwiesen vor. Sie lebt ausschließlich in der Vegetation, in der sie sehr flink auf der Jagd nach Insekten herumklettert. Offensichtlich sieht sie recht gut. Ein Netz stellt sie nicht her.

Die Paarung findet im Frühsommer statt. Anschließend webt das Weibchen mehrere Blätter zu einer Höhlung zusammen, in die sie den Eikokon ablegt. Dieser wird dann vom Weibchen bewacht, das nun auffallend aggressiv ist und jeden Störenfried angreift. Die Bisse dieser Spinne sind jedoch völlig ungefährlich. Dies gilt übrigens auch für die recht großen und etwas gefährlich aussehenden tropischen Arten.

Jagdspinne

Isopoda sp.

Familie Jagdspinnen (*Eusparassidae*)

Das abgebildete Exemplar einer großen Jagdspinne stammt aus Ostaustralien, wo solche Tiere sehr häufig unter der Rinde von Eukalypten zu finden sind. Das Tier wurde nachts fotografiert. Dann kommen diese großen, langbeinigen Spinnen aus ihrem Versteck und gehen an den Baumstämmen auf die Jagd. Das abgebildete Tier erreicht bei etwa 3,5 cm Körperlänge eine Spannweite von annähernd 20 cm!

Die meisten sogenannten „Bananenspinnen", die mit tropischen Früchten zu uns kommen, gehören zu den Jagdspinnen. Sie jagen uns durch ihre Größe und die außerordentliche Geschwindigkeit, mit der sie auch an senkrechten Flächen vorwärts, rückwärts und seitlich laufen können, großen Schrecken ein. In Wirklichkeit sind sie aber ungefährlich und werden in tropischen Ländern gern in Haus und Hof geduldet, da sie tagsüber verborgen in Spalten sitzen und nur nachts herauskommen und das Haus von schlimmerem Ungeziefer freihalten.

Die Jagdspinnen bauen keine Netze. Sie orten ihre Beute vor allem mit dem Tastsinn, denn ihre langen Beine sind dicht mit Tasthaaren besetzt, die schon auf leichte Luftbewegungen reagieren.

Kugelspinne

Theridion varians

Familie Kugelspinnen (*Theridiidae*)

Theridion varians ist eine der vielen bei uns vorkommenden *Theridion*-Arten.

Sie ist recht verbreitet und lebt auf Bäumen, Gebüsch und an und in Häusern, wo sie ihr charakteristisches Haubennetz herstellt.

Das Haubennetz einer Kugelspinne besteht aus einem dicht gewebten Schlupfwinkel in Form einer umgekehrten Schale oberhalb des eigentlichen Fangnetzes. Vom Schlupfwinkel gehen nach unten einige mit Klebetröpfchen besetzte Fangfäden aus, die an Zweigen befestigt sind. Stößt nun ein Beutetier an einen Fangfaden, wird die Spinne alarmiert und tötet die Beute mit ihrem Giftbiß.

Obwohl der Vorderkörper von *Theridion* wie bei allen Kugelspinnen sehr klein ist und die Chelizeren dementsprechend winzig sind, scheint das Gift der meisten Arten sehr wirksam zu sein und die Cheliceren sind offenbar sehr spitz. Daher überwältigen sie ohne Mühe auch Beutetiere, die um ein Vielfaches größer sind als sie selbst.

Wie alle *Theridion*-Arten hat *Theridion varians* eine besonders gut entwickelte Brutfürsorge. Die Mutter ernährt die Jungspinnen zunächst mit ausgewürgtem Nahrungsbrei, später läßt sie die Jungspinnen an der eigenen Beute teilhaben.

Kugelspinne
Enoplognatha ovata
Familie Kugelspinnen (*Theridiidae*)

Mit bis 7 mm Länge ist die lebhaft gezeichnete *Enoplognatha ovata* fast ein Riese unter den einheimischen Kugelspinnen.
Sie lebt vornehmlich auf Gebüsch und Sträuchern an Waldrändern, aber auch auf dicht bewachsenen Wiesen.
Diese Art baut ein ziemlich unordentliches Netz aus zahlreichen Fangfäden; ihr Schlupfwinkel besteht aus zusammengesponnenen Blättern. Die Spinne ist daher am besten zu finden, wenn man auf solche Blätter achtet.
Enoplognatha ovata ist für ihren Parasitismus an anderen Kugelspinnen bekannt: Sie überfällt und fängt nicht nur andere Kugelspinnen, sondern benutzt auch deren Gespinste und Eikokons, um ihre eigenen Eier dort unterzubringen. Zu diesem Zweck öffnet sie den fremden Kokon, frißt die Eier und legt ihre eigenen Eier hinein.
Auch bei *Enoplognatha ovata* wird der Eikokon im Schlupfwinkel befestigt, und die frischgeschlüpften Jungspinnen bleiben noch längere Zeit zusammen bei der Mutter und fressen gemeinsam an den von der Mutter gefangenen Beutetieren, ehe sie sich zerstreuen und ein eigenes „Netz" bauen.

Kugelspinne

Steatoda paykulliana
Familie Kugelspinnen (*Theridiidae*)

Steatoda paykulliana, eine Art aus dem Mittelmeergebiet, ist von besonderem Interesse, weil sie oft mit der in den gleichen Gebieten verbreiteten Schwarzen Witwe (*Latrodectus*) verwechselt wird.
Das Weibchen von *Steatoda paykulliana* hat jedoch oberseits nur einen schmalen roten oder gelben Streif am Vorderrand des Hinterkörpers, während bei der Schwarzen Witwe der Hinterleib weitere rote Flecken trägt.
Weibchen von *Steatoda paykulliana* sind mit bis 12 mm Länge jedoch imponierende und gefährlich aussehende Spinnen und ihr Biß soll tatsächlich ziemlich unangenehm sein. Es empfiehlt sich also, in südlichen Ländern alle größeren Kugelspinnen in Ruhe zu lassen!
Steatoda paykulliana bewohnt vor allem trockene, warme Örtlichkeiten, Trockenhänge, Ginsterheiden u. a., wo sie unter Steinen ihr Netz anlegt. Wie aus den Nahrungsresten ersichtlich ist, fängt sie bevorzugt große, hartschalige Käfer, die mit den kurzen, aber außerordentlich spitzen Chelizeren in die weichhäutigen Bereiche zwischen den Körper- oder Beinsegmenten gebissen werden. Die Chitinreste werden häufig im Netz abgelegt.

Schwarze Witwe
Latrodectus tredecimguttatus
Familie Kugelspinnen (*Theridiidae*)

Die Schwarzen Witwen der Gattung *Latrodectus* bewohnen in mehreren Arten oder Unterarten die warmen Gebiete der ganzen Welt. Sie haben einen sehr schlechten Ruf als Giftspinnen, und der Biß einiger tropischer Arten kann tatsächlich zum Tode führen.
Der Laie ist erstaunt, wenn er bei der ersten Begegnung mit einer Schwarzen Witwe merkt, daß es gar keine große oder aggressive Spinne ist, sondern ein Tier von etwa 1 cm Länge mit sehr kurzen Chelizeren.
In der Tat sind Schwarze Witwen gar nicht angriffslustig, allerdings sind ihre Chelizeren so spitz, daß sie ohne Mühe die menschliche Haut durchdringen, und ihr Gift ist besonders wirksam.
Beides sind Anpassungen an ihre bevorzugte Beutetiere: große, kräftige, stark gepanzerte Käfer, die in den von ihnen bevorzugten Trockengebieten häufig sind. Um diese wehrhaften Tiere überwältigen zu können, benötigt die Scharze Witwe eben ein sehr schnell wirkendes Gift.
Die europäischen Schwarzen Witwen, in Italien Malmignatte, in Südrußland Karakurte (Schwarzer Wolf) genannt, sind leicht an den zahlreichen roten Punkten am Hinterleib zu erkennen. Ihr Gift ist offenbar schwächer als dasjenige mancher tropischer Arten.

Schwarze Witwe
Latrodectus hasselti
Familie Kugelspinnen (*Theridiidae*)

Diese von Asien bis nach Australien verbreitete Art unterscheidet sich von der europäischen Schwarzen Witwe durch die sanduhrförmige rote Zeichnung auf Ober- und Unterseite des Hinterleibs. Die gleiche Zeichnung weist auch die amerikanische *Latrodectus mactans* auf. Ob alle Formen der Schwarzen Witwe eigenständige Arten sind, ist noch umstritten.
Schwarze Witwen kommen ursprünglich in Trockengebieten vor, in denen sie ihre unordentlichen Netze in niedriger Vegetation, in Felsspalten, zwischen Baumrinde und unter Steinen anlegen. Tagsüber sitzen sie im Schlupfwinkel, nachts streifen sie gelegentlich umher. Vor allem in den wärmeren Gebieten haben die Schwarzen Witwen die unangenehme Eigenschaft, in Häuser und Schuppen einzudringen und sich gern in Mauerritzen und Ecken anzusiedeln. Da sie in manchen Gebieten auch in die Toilettenhäuschen eindringen und nicht selten unter dem Toilettendeckel sitzen, sind Bisse in den Genitalbereich gar nicht so selten. Der Biß wird als äußerst schmerzhaft beschrieben. Nur die Weibchen sind übrigens gefährlich.
Das abgebildete Weibchen wurde zusammen mit Dutzenden seiner Artgenossen unter einer Picknickbank in einem australischen Nationalpark gefunden.

Höhlenspinne
Nesticus cellulanus
Familie Höhlenspinnen (*Nesticidae*)

In verschiedenen anatomischen Merkmalen und in der Körpergestalt gleichen die *Nesticidae* sehr den Kugelspinnen (*Theridiidae*). Auch das Deckennetz der Höhlenspinnen ist dem der Kugelspinnen sehr ähnlich.
Die etwa 5 mm lange Höhlenspinne lebt bei uns vorzugsweise an dunklen, feuchten Orten. Sie kommt in Höhlen, aber auch in Kellern vor, in denen sie an Felsvorsprüngen und in Mauerritzen ihr Netz anlegt.
Es handelt sich um ein Deckennetz, von dem aus mit Klebetröpfchen besetzte Fangfäden nach unten ziehen. Stößt ein Beutetier an die Fangfäden, bleibt es daran kleben und wird von der Spinne ins Deckennetz hinaufgezogen.
Der Eikokon wird nicht im Netz befestigt, sondern an den Spinnwarzen angeheftet und mit herumgetragen. Auch die Jungspinnen bleiben nach dem Schlüpfen zunächst noch einige Zeit am Eikokon, bevor sie sich verteilen.
Nesticus cellulanus gehört zu der nicht sehr reichhaltigen Fauna unserer Höhlen, besonders auf der Schwäbischen und Fränkischen Alb. Es handelt sich aber nur um eine „troglophile" – eine Höhlen bevorzugende –, nicht um eine „troglobionte" – dauernd in Höhlen lebende – Spinne.

Spinnenfresser
Ero furcata
Familie Spinnenfresser (*Mimetidae*)

Ero furcata ist von den heimischen Spinnen wohl am stärksten in ihrer Nahrungswahl spezialisiert: Die kleine, bis 4 mm lange Spinne ernährt sich nämlich ausschließlich von anderen Spinnen, die sie in ihren Netzen überfällt. Dabei bewältigt sie auch Spinnen, die größer sind als sie selbst.
Ero furcata ist in sehr vielen Lebensräumen verbreitet und kommt vor allem in Nadelwäldern, an buschreichen Waldrändern und auf trockenen Heiden vor. Feuchte Lebensräume meidet sie allerdings.
Sie besitzt kein Netz, sondern verbirgt sich tagsüber in der Vegetation und geht nachts auf Jagd. Sie besucht vor allem die Netze von Kugelspinnen (*Theridiidae*), zupft vorsichtig an den Fangfäden, überfällt die ein Beutetier vermutende Kugelspinne und bringt sehr flink ihren Biß an – oft in ein Bein. Ihr Gift wirkt sofort lähmend.
Ein wichtiges Erkennungsmerkmal der Spinnenfresser sind die dicht und lang bestachelten Metatarsen und Tibien der beiden vorderen Beinpaare.
Die Bestachelung der vorderen Beinpaare dient vermutlich als Schutz gegen die Bisse ihrer bevorzugten Beutetiere, der recht wehrhaften Kugelspinnen, die gleichfalls recht giftig sind.

Baldachinspinne
Linyphia triangularis
Familie Baldachinspinnen (*Linyphiidae*)

Zu den Baldachinspinnen gehören in der heimischen Fauna zahlreiche kleine, einander sehr ähnliche Arten, die meist sehr schwer unterscheidbar sind und nur vom Spezialisten bestimmt werden können. (In der Regel muß man dazu die Geschlechtsorgane unter dem Mikroskop betrachten.)
Ihren Namen erhielt die Familie nach ihren charakteristischen Netzen, die aus einem Gespinstteppich mit darüber gespannten senkrechten Fäden bestehen. In diesem Fadengewirr fangen sich kleine fliegende Insekten, stürzen auf den Gespinstteppich herab und werden von der bauchoben darunter lauernden Spinne durch das Netz hindurch gegriffen.
Linyphia triangularis ist eine der größten heimischen Baldachinspinnen und zugleich die häufigste Art. Tatsächlich ist sie vielleicht die häufigste einheimische Spinne überhaupt.
Sie kommt überall in niedriger Busch- und Strauchvegetation in Wäldern, Gärten und auf Wiesen vor, wo besonders im Herbst ihre zahlreichen Netze auffallen.
Die Spinne zeigt die „Kontrastfärbung“ bauchoben lebender Tiere: Sie wirkt gegen den Himmel hell, von oben gesehen aber dunkel.

Baldachinspinne

Stemonyphantes lineatus

Familie Baldachinspinnen (*Linyphiidae*)

Stemonyphantes ist eine der häufigeren, großen Baldachinspinnen. Sie erreicht gut 5 mm Länge und wirkt durch ihre langen Beine zusätzlich recht groß.

Die Art ist weit verbreitet in den verschiedensten Lebensräumen, vor allem an Waldrändern, auf Waldlichtungen und buschreichen Wiesen.

Ihr ziemlich kleines Netz legt sie unter Steinen und Holz oder bodennah in niedriger Vegetation an. Es ist ein typisches Baldachinnetz mit einer Gespinstdecke und zahlreichen Stolperfäden.

Stemonyphantes lineatus ist eine typische „Winterart“, denn erwachsene, geschlechtsreife Tiere findet man erst im Herbst und dann bis ins nächste Frühjahr hinein. (Da die Zahl der winterreifen Arten bei den Zwerg- und Baldachinspinnen recht groß ist, kann das Insektenleben im Winter nicht völlig abgestorben sein. Im Gegenteil, insbesondere unter den kleinen Bodeninsekten gibt es viele, die im Winter ihre „ökologische Nische“ gefunden haben.

Auffällig sind die im Herbst dicht über dem Boden abgelegten weißen Eikokons. Die Eier darin werden sorgsam in zwei Gespinstdecken eingehüllt.

Baldachinspinne
Leptyphantes cf. *mengei*
Familie Baldachinspinnen (*Linyphiidae*)

Die Gattung *Leptyphantes* enthält zahlreiche kleine, sehr schwer unterscheidbare Arten, die im allgemeinen in der niedrigen Vegetation, im Gras, Moos und niedrigen Gesträuch von Wäldern und Wiesen leben. Hier legen sie ihre kleinen Baldachin- oder Deckennetze oft nah am Boden an, in denen sie sehr kleine Insekten, z. B. kleine Fliegen, Mücken, aber auch Springschwänze erbeuten. Eigenartigerweise treten viele Arten sehr spät im Jahr auf und manche sind geradezu Wintertiere, die ihr Netz in kleinen Tauflekken im Schnee errichten und dort winteraktive Kleininsekten fangen.

Sicher ist es auch aus technischen Gründen nicht möglich, die Vielzahl der kleinen und kleinsten bei uns vorkommenden Spinnen vorzustellen, die im übrigen für den Laien nicht unterscheidbar sind. Auch der Spezialist muß meistens die Geschlechtsorgane untersuchen, um diese winzigen, oft weniger als 2 mm langen Tiere bestimmen zu können.
Man sollte sich aber bewußt sein, daß etwa die Hälfte der heimischen Spinnen sehr klein und unscheinbar ist, daß diese jedoch in großen Mengen in den verschiedensten Lebensräumen vorkommen und ein wichtiges Glied in der Nahrungskette bilden.

Baldachinspinne
Bathyphantes cf. *dorsalis*
Familie Baldachinspinnen (*Linyphiidae*)

Mit der Gattung *Bathyphantes* wird eine weitere artenreiche Gattung der Linyphiidae vorgestellt, deren einander sehr ähnliche Arten eine Vielzahl von Kleinlebensräumen besiedeln.
Man findet die kleinen Spinnen vor allem in feuchten Lebensräumen, in Sumpfwiesen und Brüchen, wo sie ihre kleinen Deckennetze in Bodennähe anlegen.
Bathyphantes dorsalis lebt allerdings in höherer Vegetation, etwa in Sträuchern und Gebüsch an feuchten Waldrändern und auf Sumpfwiesen.
Das Netz wird zwischen Zweigen und Geäst angelegt. In ihm fangen sich bevorzugt kleine Fliegen und Mücken, die von der Spinne durch die Gespinstdecke hindurch ergriffen werden.
Sicherlich steht die geringe Größe der meisten Baldachin- und Zwergspinnen mit ihrer großen Artenzahl in ursächlicher Verbindung. Denn sehr kleine Tiere besitzen in der Regel einen spezielleren, auch räumlich kleineren Lebensraum als größere – ihre „ökologische Nische“ ist begrenzter. Dies hat zur Folge, daß im gleichen Gebiet im allgemeinen mehr Arten zusammen leben können, ohne sich gegenseitig Konkurrenz zu machen, wie das bei den großen Arten der Fall wäre.

Zwergspinne
Enidia bituberculata
Familie Zwergspinnen (*Micryphantidae* = *Erigonidae*)

Enidia bituberculata ist eine der wenigen Arten aus der Vielzahl der heimischen Zwergspinnen, über deren Lebensweise wir etwas genauer informiert sind. Insbesondere konnte an dieser Art die Funktion der auffälligen Fortsätze an der Oberseite des Kopfes der Männchen aufgeklärt werden. Offensichtlich verankern sich die Weibchen bei der Paarung daran mit ihren Chelizeren. Ob die sehr vielgestaltigen entsprechenden Ausbildungen bei den Männchen vieler anderer Zwergspinnen jedoch alle die gleiche Funktion haben, ist zur Zeit noch ganz ungeklärt. Man müßte auch fragen, welchen „Ersatz" diejenigen Zwergspinnenarten aufweisen, deren Männchen solche Auswüchse fehlen? Man sieht, wie viele offene Fragen die Biologie der einheimischen Spinnen noch birgt.

Enida bituberculata wird etwa 2,5 mm groß und ist im Gras und in der Streuschicht an Ufern aller Art etwa vom Mai bis September sehr häufig. Allerdings zeigen erst spezielle Sammelmethoden, wie das Sieben von Bodenstreu, wie häufig diese Kleinspinnen sind.

Auch diese Art zeigt die charakteristische rot-schwarze Färbung – Vorderkörper rot, Hinterleib schwarz oder schwarzbraun. Die Bedeutung dieser Färbung ist bisher jedoch noch unbekannt.

Zwergspinne
Erigone dentipalpis
Familie Zwergspinnen (*Micryphantidae = Erigonidae*)

Erigone dentipalpis (siehe Bild) gehört zu den häufigsten einheimischen Spinnen. Diese Art gleicht der nah verwandten *Erigone atra* sehr und ist nach der Abbildung nicht von dieser unterscheidbar. Trotz ihrer sehr geringen Größe von höchstens 2 mm fallen diese Arten auch dem Laien auf, da sie zu den häufigsten „Fliegern" unter den Spinnen gehören, d. h. sie erklettern hoch gelegene Orte, spinnen einen langen Faden und lassen sich daran mit dem Wind davontreiben.
Auch bei diesen Arten ist der Kopf des Männchens mit Auswüchsen bewehrt, der des Weibchens aber nicht.
Die verschiedenen Arten werden am besten an den Zähnen unterschieden, die bei den Männchen an den Palpen sitzen.
Erigone dentipalpis lebt in dichten Wiesen und dort vor allem am Grunde der Gräser oder in der Streuschicht. Das winzige Netz wird gewöhnlich in einer kleinen Mulde am Boden oder zwischen Halmen der Streuschicht angelegt.
Springschwänze und andere sehr kleine Bodeninsekten bilden die hauptsächliche Nahrung dieser kleinen Spinnen.
Offensichtlich hat die Art kein „reglementiertes" Geschlechtsleben, denn man findet zu allen Jahreszeiten – auch im Winter – geschlechtsreife Tiere.

Zwergspinne
Walckenaera cf. *acuminata*
Familie Zwergspinnen (*Micryphantidae* = *Erigonidae*)

Die Zwergspinnen tragen ihren Namen zu Recht, denn zu ihnen gehören die kleinsten einheimischen Spinnen. Die meisten bleiben unter 2 mm, nur wenige erreichen solche „gewaltigen“ Ausmaße wie *Walckenaera acuminata* mit ihren annähernd 3,5 mm Länge.

Kann man mit bloßem Auge kaum Unterschiede zwischen diesen meist schwarz-rot oder grau gefärbten, winzigen Spinnen feststellen, so zeigt die Betrachtung durch eine starke Lupe oder ein Mikroskop eine enorme Formenvielfalt:

Die Männchen vieler Arten sind durch eigenartige, manchmal gewaltige Ausmaße annehmende Auswüchse am Vorderkörper ausgezeichnet, auf denen auch die Augen sitzen. Diese Auswüchse sind sehr vielgestaltig und manchmal geradezu abstrus; sie eignen sich aber vorzüglich zur Unterscheidung der verschiedenen Arten. Die Funktion dieser Auswüchse ist noch unerforscht, vermutlich sind sie bei der Paarung von Bedeutung.

Walckenaera acuminata lebt in der Streu von Wäldern, aber auch in Wiesen, und ist eine typische Winterart, die an sonnigen Tagen auch auf der Oberfläche des Schnees herumläuft. Sie ernährt sich vermutlich von Springschwänzen, Mücken und kleinen Fliegen.

Glanzspinne

Singa hamata

Familie Radnetzspinnen (*Araneidae*)

Singa hamata gehört wie die übrigen Arten aus ihrer Gattung zu den kleineren Kreuzspinnenverwandten in unserer Fauna, denn sie erreicht nur etwa 6 mm Länge. Die übrigen Gattungsverwandten bleiben noch kleiner. Ihr deutscher Name weist auf den sehr glänzenden, braunen Vorderkörper hin. Der Hinterleib ist dagegen auffällig gezeichnet.

Die Glanzspinne lebt in Heidegebieten und anderen sonnigen Örtlichkeiten und legt ihr ziemlich kleines Netz senkrecht in der niedrigen Vegetation an, etwa im Heidekraut oder an Disteln. In der Nähe des Netzes webt sich die Glanzspinne einen Schlupfwinkel, in dem sie tagsüber lauert. Über einen Signalfaden sind Schlupfwinkel und Netz miteinander verknüpft.

Wegen ihrer geringen Größe erbeutet die Glanzspinne kleinere Insekten, vor allem Mücken und kleine Fliegen. Sie ist zwar ein charakteristischer Bewohner ihres Lebensraumes, fällt aber wegen ihres kleinen Netzes kaum auf.

Bereits im Frühsommer ist die Glanzspinne geschlechtsreif. Nach der Paarung setzt das Weibchen seinen Eikokon im Schlupfwinkel ab. Auch die Jungspinnen bleiben nach dem Schlüpfen noch eine Weile zusammen mit der Mutter im Schlupfwinkel, werden aber nicht von ihr versorgt.

Gartenkreuzspinne
Araneus diadematus
Familie Radnetzspinnen (*Araneidae*)

Die Gartenkreuzspinne ist sicherlich unsere bekannteste Spinne, die jeder schon einmal gesehen hat und auf den ersten Blick erkennen kann. Sie ist uns durch Sage und Märchen vertraut, aber auch dadurch, daß wir häufig in Garten und Haus mit ihr zusammentreffen.
Sie besiedelt sehr zahlreiche und verschiedenartige Lebensräume, von Waldrändern über Wiesen bis zu unseren Gärten, und wählt sich besonders gern Fenster- oder Türecken für ihre Netze. Wie die meisten Radnetzspinnen nimmt man sie erst im Herbst zur Kenntnis, wenn die großen Weibchen erwachsen sind. (Weibchen können 15 mm und mehr erreichen).

Die Gartenkreuzspinne kann sehr unterschiedlich gefärbt sein, immer aber trägt sie auf dem Hinterleib die kreuzförmige Zeichnung, die ihr den Namen gab. Allerdings weisen auch einige andere Kreuzspinnen eine recht ähnliche Zeichnung auf.
Ihr senkrechtes Radnetz stellt die Gartenkreuzspinne in der Regel jeden Tag von neuem her, meist geschieht dies unmittelbar vor Sonnenaufgang. Das alte Netz wird zuvor sorgsam aufgefressen. Die Spinne sitzt entweder mit gekreuzten Beinen kopfunter im Netz oder lauert in ihrem Schlupfwinkel. Vor allem an dieser Art wurde der Ablauf des Netzbaues im Labor studiert.

Marmorierte Kreuzspinne
Araneus marmoreus
Familie Radnetzspinnen (*Araneidae*)

Die Marmorierte Kreuzspinne ist eine weitere, sehr eng mit der Gartenkreuzspinne verwandte Art von etwa der gleichen Größe. Von der Gartenkreuzspinne ist sie am leichtesten durch die Form des Hinterleibs zu unterscheiden, der bei der Gartenkreuzspinne im vorderen Drittel am breitesten ist, bei der Marmorierten Kreuzspinne jedoch in der Mitte.
Auch die Zeichnung kann bei beiden Arten sehr ähnlich sein. Von der Marmorierten Kreuzspinne gibt es eine auffällige Farbvariante, bei der der gesamte Hinterleib gelb ist und nur in der hinteren Hälfte einen schwarzen Fleck in Form eines Blattes trägt. Da Angehörige beider Farbvarianten zusammen vorkommen und sich auch nachweislich miteinander kreuzen, handelt es sich nicht um verschiedene Arten, wie man auf den ersten Blick annehmen könnte.
Die Marmorierte Kreuzspinne ist etwas feuchtigkeitsliebender als ihre Verwandten und lebt auf Büschen oder Bäumen in feuchten Wiesen und an feuchten Waldrändern. Hier baut sie ein großes, senkrechtes Radnetz, sitzt aber tagsüber in einem halbkugeligen, aus zusammengewobenen Pflanzenteilen bestehenden Schlupfwinkel über dem Netz, mit dem sie über einen Signalfaden mit den Vorderbeinen in Verbindung steht.

Vierfleck-Kreuzspinne
Araneus quadratus
Familie Radnetzspinnen (*Araneidae*)

Die Vierfleck-Kreuzspinne ist der Gartenkreuzspinne in der Zeichnung ziemlich ähnlich, unterscheidet sich aber auf den ersten Blick durch ihren breiteren, massigeren Hinterleib.
Sie bevorzugt etwas feuchtere Lebensräume als die Gartenkreuzspinne und lebt vor allem auf dichten, feuchten Wiesen und in Moorgebieten. Ihr Netz befindet sich meist ziemlich dicht am Boden. Tagsüber sitzt die Spinne nicht im Netz, sondern in einem unten offenen Schlupfwinkel neben dem Netz.
Der Netzbau der Radnetzspinnen geht immer in gleicher Weise vor sich:
Zuerst wird ein waagerechter Faden zwischen Pflanzen ausgespannt. Von der Mitte dieses Fadens aus wird ein senkrechter Faden nach unten zum Boden gespannt: Es entsteht ein Y-förmiges Fadendreieck. Danach werden zusätzliche Radialfäden eingefügt und seitlich in der Vegetation befestigt. Es folgt dann ein kreisförmiger Rahmenfaden, der die Ausdehnung des eigentlichen Netzes anzeigt. Darauf werden erneut Radien eingesponnen, und die Nabe, der Mittelpunkt, wird stärker verfestigt. Eine Fadenspirale, die Hilfsspirale, dient dann der Stabilisierung des Netzes. Erst zuletzt wird die eigentliche Fangspirale eingewoben und die Hilfsspirale wieder aufgelöst.

Kürbisspinne
Araneus cucurbitinus
Familie Radnetzspinnen (*Araneidae*)

Die Kürbisspinne ist eine der kleineren Kreuzspinnenverwandten, denn sie erreicht nur wenig über 6 mm Länge – allerdings ist sie zugleich bei weitem die häufigste Radnetzspinne. Dies ist recht überraschend, denn sie fällt wenig auf, weil sie in ihrem kleinen Netz hervorragend getarnt ist.
Die Kürbisspinne lebt vor allem an Waldrändern und auf gebüschreichen Wiesen und legt ihr Netz meist waagerecht oder schwach geneigt über der Mulde eines großen Blattes an. Dort sitzt sie in der Mitte des Netzes, der Nabe, ist wegen der gelbgrünen Färbung ihres Hinterleibs vor dem grünen Untergrund des Blattes nur schwierig zu erkennen und kann relativ ungestört auf Beute lauern.
Im Unterschied zu den meisten Kreuzspinnenverwandten, die man eigentlich erst im Herbst zur Kenntnis nimmt, treten bei der Kürbisspinne geschlechtsreife Tiere bereits im Frühjahr, Ende Mai bis Anfang Juni, auf.
Auch bei dieser Art sitzen die Männchen zur Paarungszeit am Rand des Netzes der Weibchen und warten, bis dieses in Paarungsstimmung gerät. Erst dann haben die Männchen überhaupt die Chance, von den Weibchen als Geschlechtspartner und nicht als willkommene Beute angesehen und sofort gefressen zu werden.

Eichblatt-Kreuzspinne

Araneus ceropegius
Familie Radnetzspinnen (*Araneidae*)

Dies ist eine sehr auffällig gezeichnete Art, die ihren Namen nach der eichblattartigen Rükkenzeichnung auf dem Hinterleib erhalten hat.

Die Eichblattspinne wird etwa 15 mm lang, das Männchen bleibt wie bei den meisten Kreuzspinnenverwandten viel kleiner und wird kaum halb so groß.

Diese Art kommt vor allem in Süddeutschland vor und bevorzugt das Hügel- oder Bergland. Sie lebt auf sonnigen Wiesen und auf Ödländereien verschiedener Feuchtigkeit und hält sich meist in der Nabe ihres zwischen Gräsern aufgehängten, vertikalen Netzes auf. Bei schlechtem Wetter zieht sie sich jedoch in ihren Schlupfwinkel zurück, der aus einer flachen, oben offenen Gespinstschale besteht.

Die Eichblattspinne wird bereits im Frühsommer geschlechtsreif. Zur Paarungszeit versammeln sich bei dieser Art die Männchen am Netz der Weibchen und warten solange, bis es in Paarungsstimmung kommt. Vor der Paarung fertigt das Männchen zunächst ein kleines Spermanetz an und setzt dort einen Samentropfen ab. Diesen saugt es sodann mit dem Taster auf. Bei der Paarung wird der Taster in die weibliche Epigyne eingeführt und der Samen ausgepumpt.

Kreiselspinne
Cyclosa conica
Familie Radnetzspinnen (*Araneidae*)

Ihren Namen hat die mittelgroße, bis etwa 8 mm lange Kreiselspinne nach ihrem außerordentlich regelmäßigen, kreisförmigen Netz erhalten. Dieses wird besonders an Fichten angelegt und fällt durch das senkrechte Stabiliment auf, einen dicht gewebten Gespinststreifen, der wohl der Tarnung der im Mittelpunkt des Netzes sitzenden Spinne dient. Außerdem sind im Netz meist noch Beutereste aufgehängt, die für den oberflächlichen Betrachter der Spinnen gleichen und die die Lokalisierung der Spinne zusätzlich erschweren.

Die sehr variabel gefärbte Spinne ist an ihrem mehr oder weniger spitz zulaufenden Hinterleibsende zu erkennen. Infolge ihrer eigenartigen Körperform und ihrer stark gesprenkelten Körperoberfläche unterscheidet sie sich jedoch nicht sehr von den Beuteresten im Netz. Fühlt sie sich beunruhigt, hat sie überdies die Angewohnheit, das Netz in Schwingungen zu versetzen. Dann wird sie gänzlich ununterscheidbar.

Die Kreiselspinne ist ein häufiges Tier der Fichtenwälder und sonstigen Fichtenbestände. Ihre Netze sind meist etwa in Mannshöhe zu finden, wenn man einmal weiß, wo sie vorkommt und auf die Netze achtet. Die Spinne wird bereits im Juni geschlechtsreif.

Herbstspinne
Meta segmentata
Familie Radnetzspinnen (*Araneidae*)

Die Herbstspinne dürfte eine unserer häufigsten und am weitesten verbreiteten Spinnen sein.
Sie kommt in Wäldern vor – bevorzugt entlang von Waldwegen und auf Lichtungen. Sie besiedelt aber auch verbuschte Wiesen, Trockenhänge und Ödländereien, sofern sie mit höherer Vegetation durchsetzt sind.
Die Herbstspinne erreicht etwa 8 mm Länge und gehört damit zu den kleineren Radnetzspinnen.
Im Unterschied zu den Spinnen der Gattung *Araneus* hat das Netz der Herbstspinne eine offene Nabe und ist insgesamt ziemlich locker gebaut. Die offene Nabe entsteht dadurch, daß die Spinne nachträglich in diesem Bereich die Fäden herausbeißt. Meist ist das Netz waagerecht oder schräg angeordnet, seltener senkrecht.
Die viel schlankeren Männchen warten vor der Paarung in der Regel zu mehreren am Rand eines Weibchennetzes, bis sich ein Beutetier fängt. Dann beginnt ein Wettlauf, bei dem das Opfer vom schnellsten Männchen eingesponnen und dem Weibchen überreicht wird. Den Zeitraum, in dem das Weibchen an diesem „Geschenk“ saugt, nutzt das glückliche Männchen dann für die Paarung. Im Paarungsverhalten ist also noch enthalten, daß das Weibchen eine Beute verzehren muß. Allerdings ist es nicht mehr das Männchen!

Höhlenkreuzspinne
Meta menardi
Familie Radnetzspinnen (*Araneidae*)

Mit bis 15 mm Körperlänge und ihren langen Beinen ist die Höhlenkreuzspinne einer der Riesen in der einheimischen Spinnenfauna.
Man findet sie, oft in großer Anzahl, in Höhlen, aber auch an anderen dunklen, feuchten Orten, etwa in Kellern. Hier legt sie ihre ziemlich kleinen, in der Nabe offenen Netze an der Decke oder zwischen Vorsprüngen an den Wänden an.
Entsprechend ihrer Bevorzugung natürlicher Höhlen ist die Höhlenkreuzspinne in Süddeutschland weitaus am häufigsten und regelmäßig in den Höhlen der Schwäbischen und Fränkischen Alb anzutreffen.

Im Winter zieht die Höhlenkreuzspinne sich tiefer in das Höhleninnere zurück, um den sinkenden Temperaturen auszuweichen.
In Anbetracht der dauernd niedrigen Temperatur ist ihre Entwicklungs- und Wachstumsgeschwindigkeit gering:
Die Höhlenkreuzspinne braucht meistens 2 Jahre, um geschlechtsreif zu werden. Die lange Entwicklungdauer hat jedoch einen weiteren Grund, das sehr geringe Nahrungsangebot in den Höhlen, das vor allem aus kleinen Mücken besteht. Daher ist es erstaunlich, wie zahlreich die Höhlenkreuzspinne in diesem kargen Lebensraum vorkommt.

Zebraspinne
Argiope bruennichi
Familie Radnetzspinnen (*Araneidae*)

Die Zebraspinne ist ein südliches Element in unserer Fauna. Unsere einzige Art lebt bevorzugt im Mittelmeerraum und kommt bei uns nur in wärmeren Gebieten vor. In den Tropen und Subtropen sind ihre Verwandten jedoch in großer Artenzahl anzutreffen.
Das senkrechte Radnetz der Zebraspinne ist in niedriger Vegetation zwischen Gräsern und Büschen in besonnten Wiesen und Weiden ausgespannt. Wichtigste Umweltfaktoren für die Zebraspinne sind Besonnung und Art der Vegetation. Sie kann allerdings durchaus auch in feuchteren Wiesen vorkommen, wenn sonst alles für sie „stimmt".

Als Nahrung kommen alle möglichen Insekten in Frage, entsprechend der Art des Lebensraumes werden jedoch bevorzugt Heuschrecken gefangen. Das Netz ist mit einem senkrechten, zickzackartigen, sogenannten Stabiliment, einem weißglänzenden Gespinststreif versehen, der vermutlich der Tarnung der Spinne dient.
Die Zebraspinne ist eine der Arten, deren Männchen die Paarung mit den viel größeren Weibchen selten überleben.
In den letzten Jahren hat sie bei uns ständig neue Wohngebiete erobert. Der Bestand schwankt allerdings ziemlich stark.

Stachelspinne
Gasteracantha falcicornis
Familie Radnetzspinnen (*Araneidae*)

Die tropisch verbreiteten Stachelspinnen bilden unter den Radnetzspinnen eine Gruppe, die sowohl durch ihre Farbenpracht als durch ihre bizarren Körperformen auffällt:
Bei diesen Spinnen ist die Haut des Hinterkörpers sehr hart und fest – ganz im Gegensatz zu den anderen Radnetzspinnen – und stark verbreitert oder ganz in die Quere gezogen.
Alle Stachelspinnen sind Tagtiere, die oft in größeren Gruppen offen in ihren Radnetzen sitzen. Es wird angenommen, daß die harte und stachelige Oberfläche als Schutz gegen Vögel wirkt. Die auffälligen Warnfarben verbessern diesen Schutz noch, denn sie schrecken die Feinde davon ab, wenigstens einmal zu „probieren“, wie hart eine Stachelspinne ist. (Daß diese Warnfärbung sehr wirksam ist, wurde in zahlreichen Versuchen bereits bewiesen!)
Die abgebildete Art stammt aus Afrika und spannt ihr großes, senkrechtes Radnetz zwischen Bäumen und Sträuchern, aber auch in Bambusdickichten in ziemlich offenem, besonntem Gelände auf.
Im Gegensatz zu vielen anderen Radnetzspinnen haben die Stachelspinnen kein Fluchtverhalten und bleiben auch bei Störungen im Netz sitzen.

Opuntienspinne
Cyrtophora citricola
Familie Radnetzspinnen (*Araneidae*)

Die großen Gespinste der Opuntienspinne werden jedem Besucher des Mittelmeergebietes schon aufgefallen sein. Sie finden sich oft kolonieweise in trockenwarmen Gegenden mit hoher Vegetation, besonders gern in Kakteenhecken (Opuntien). Die Gattung *Cyrtophora* ist allerdings über alle warmen Gebiete der Erde verbreitet.
Das sehr ausgedehnte Netz dieser Spinnen nimmt unter den Radnetzspinnen eine Sonderstellung ein, denn es ist ein Raumnetz: eine Verbindung von horizontalem, aber gewölbtem, kuppelförmigem Radnetz, in dessen Mittelpunkt die Spinne sitzt, und einem unregelmäßigen, maschigen Gespinst aus Stolperfäden oberhalb des Kuppelnetzes. So kann die Spinne alle Beutetiere fangen, die an die Stolperfäden anstoßen und auf die Kuppel herabfallen. Zusätzlich werden die Insekten, die nicht gleich auf die Kuppel hinunterfallen, durch heftiges Schütteln bzw. Schwingen der Spinne heruntergeschüttelt. Unter günstigen Umständen kann das Netz metergroß sein.
Bei *Cyrtophora citricola* bleiben die Männchen besonders klein. Im Gegensatz zu den mindestens 15 mm großen Weibchen erreichen sie höchstens 3–4 mm Körperlänge.

Seidenspinne
Nephila maculata
Familie Radnetzspinnen (Araneidae)

Zur weltweit in den Tropen verbreiteten Gattung *Nephila* zählen die größten, nicht zu den Vogelspinnen gehörigen Spinnen. Bei einigen Arten werden die Weibchen bis 7 cm lang, und die Beine können eine Spannweite von 20 cm und mehr erreichen. Die Männchen bleiben jedoch viel kleiner und werden selten größer als 1 cm. Sie leben oft in der Nähe der großen Weibchen und „pirschen" sich zur Paarung geschickt an, indem sie ein Loch in das Netz beißen, durch das sie sich im ungünstigen Fall schnell zurückziehen können.
In den Regenwäldern, aber auch den offenen Savannen der Tropen kommen Seidenspinnen zuweilen in großen Mengen vor, und ihre oft mehrere Quadratmeter großen, senkrechten Netze versperren dann alle Durchgänge. Die Netze sind so stabil, daß sich selbst kleine Wirbeltiere, z. B. kleine Vögel, darin fangen können. Allerdings bilden diese nicht die eigentliche Nahrung der Seidenspinnen.
In manchen Tropengebieten wurden die Netze früher zum Fischfang benutzt.
Die abgebildete Art ist weit über Südostasien und Australien verbreitet.
Trotz ihrer Größe sind diese Spinnen ganz ungefährlich.

Eigentliche Streckerspinne

Tetragnatha extensa

Familie Streckerspinnen (*Tetragnathidae*)

Die Streckerspinnen sind an ihren sehr langen, besonders stark bezahnten Chelizeren leicht zu erkennen. Die eigentlichen Streckerspinnen (Unterfamilie Tetragnathinae) bewohnen zeitlebens ein Netz, die Kieferspinnen (Unterfamilie Pachygnathinae) tun dies nur als Jungspinnen.

Tetragnatha extensa ist eine sehr langgestreckte, etwa 12 mm lange Spinne der Ufer und feuchten Wiesen, wo sie ihr ziemlich offenes Radnetz in dichter Vegetation aufhängt, z.B. zwischen hohen Gräsern oder im Röhricht. In der Ruhestellung schmiegt sich die langbeinige, stabförmige Spinne an die Stengel von Gräsern, legt die beiden vorderen Beinpaare nach vorn, die hinteren nach hinten an und ist dadurch – verbunden mit ihrer gelb-grünen Färbung – tadellos getarnt.

Wie dicht Ufer und Sumpfwiesen oft von Streckerspinnen besiedelt werden, zeigt sich erst, wenn man die Pflanzen ins Wasser drückt oder mit dem Kescher abstreift.

Die riesigen Chelizeren werden bei der Paarung vom Männchen dazu benutzt, die Chelizeren des Weibchens zu umfassen und festzuhalten. Es entgeht dadurch fast immer der Nachstellung durch das Weibchen.

Der Eikokon wird an Stengel und Grashalme angeheftet.

Kieferspinne

Pachygnatha cf. *clercki*
Familie Streckerspinnen (*Tetragnathidae*)

Die 3 Arten der Gattung *Pachygnatha* gehören der Unterfamilie Pachygnathinae (Kieferspinnen) an und weisen nicht die auffällig langgestreckte Körperform der Tetragnathinae auf, außerdem sind sie viel kurzbeiniger. Dies hat sicherlich seinen Grund darin, daß die Kieferspinnen nicht ausschließlich in der Vegetation leben, sondern auch am Boden herumstreifen und dort nach Beute suchen. Nur die Jungtiere bauen noch ein Netz, die Erwachsenen sind herumvagabundierende Jäger.

Pachygnatha clercki wird etwa 6 mm lang und bewohnt die dicht bewachsenen Ufer der verschiedensten Gewässer, aber auch sumpfige Wiesen. In ihrem Lebensraum kann sie außerordentlich häufig auftreten.

Die etwas kürzeren, aber gleichfalls kräftig bezahnten Chelizeren werden bei der Paarung von den Männchen in der gleichen Weise eingesetzt wie bei den echten Streckerspinnen.

Die Streckerspinnen sind sicherlich mit den Radnetzspinnen (Araneidae) sehr nahe verwandt. Daher werden sie von manchen Autoren nur als eine Unterfamilie der Araneidae angesehen. Der wichtigste Unterschied liegt in den großen, bezahnten Chelizeren.

Scharfaugenspinne

Oxyopes ramosus

Familie Scharfaugenspinnen (*Oxyopidae*)

Die einheimische *Oxyopes ramosus* gehört zu einer vornehmlich in den Tropen verbreiteten Spinnenfamilie, deren sehr farbenprächtige Vertreter vor allem durch die Augenstellung sowie die auffällige Bestachelung der Beine gekennzeichnet sind: 6 ziemlich große Augen sind in einem Sechseck rings um die Augenhügel angeordnet, davor befinden sich noch 2 kleine Augen.

Oxyopes ramosus wird etwa 8 mm lang und ist ein wärmeliebendes Tier der Heiden, Trockenrasen und sonstiger Trockenstandorte. Die Spinne hat kein Netz, sondern jagt frei am Boden laufend oder in der Vegetation kletternd ihre Beute, die aus kleinen Insekten – auch Ameisen – besteht. Ob die Bestachelung als Schutz gegen besonders wehrhafte Beutetiere dient, ist unbekannt.

Oxyopes ramosus ist ein sehr flinker Jäger, der ziemlich gut sehen kann.

In ähnlicher Weise wie die Wolfsspinnen zeigen die Männchen vor der Paarung eine eigenartige Balz, wobei sie die Vorderbeine erheben und präsentieren und sich so langsam den Weibchen nähern.

Nach der Paarung befestigt das Weibchen im Frühsommer einen Eikokon in der Vegetation und bewacht diesen so lange, bis die Jungspinnen schlüpfen.

Hausspinne
Tegenaria cf. *domestica*
Familie Trichterspinnen (*Agelenidae*)

Tegenaria domestica, die Hausspinne, haben sicherlich die meisten schon einmal gesehen, ja vielleicht mit Furcht oder Abscheu im Keller oder im Bad angetroffen. Mit bis 18 mm Länge und den besonders beim Männchen (oben) sehr langen, bis 8 cm spannenden Beinen ist die Spinne tatsächlich sehr auffällig. Daß sie außerdem sehr schnell rennen kann, steigert die Zuneigung zu ihr nicht gerade.
Die großen unordentlichen Trichternetze in Ecken und unter Möbeln sind zudem der Ärger jeder Hausfrau, zumal wenn sie ausgesaugte Beutetiere enthalten. Tatsächlich ist die Hausspinne aber sehr nützlich und hält Haus und Keller frei von unangenehmen Hausgenossen, etwa Stubenfliegen oder Ameisen.
Als typischer Kulturfolger hat die Hausspinne keine jahreszeitlich festgelegte Paarungszeit. Sie kann außerdem mehrere Jahre alt werden.
Stört man die Spinnen und ihre Netze nicht, können diese enorme Ausmaße annehmen und schließlich einen Keller geradezu überwuchern. Das Netz besteht aus einer offenen Wohnröhre, die vorn in einen umgekehrten Trichter sowie einen ausgedehnten Gespinstteppich mit zahlreichen Stolperfäden übergeht.

Labyrinthspinne
Agelena labyrinthica
Familie Trichterspinnen (*Agelenidae*)

Die Trichterspinnen sind eine Familie meist recht großer Spinnen mit einem kennzeichnenden großen Trichternetz, dem eine Gespinstdecke vorgelagert ist. Nach hinten geht der Trichter in eine offene Wohnröhre über.

Agelena labyrinthica ist eine lebhaft gezeichnete, langbeinige, bis 15 mm lange Spinne, die vorzugsweise auf Heiden, Trockenrasen und Ödländern, aber auch in Steinbrüchen und auf Halden mit schütterer Vegetation vorkommt. In der Öffnung ihres Trichternetzes lauernd, überwältigt sie alle Kleintiere, die auf die Gespinstdecke geraten, bis zur Größe einer mittelgroßen Heuschrecke.

Erwachsene Tiere findet man erst im Hochsommer, etwa ab Mitte Juli. Das ist wohl als Anpassung an die Nahrungsressourcen in ihren Vorzugsbiotopen anzusehen. Viele größere pflanzenfressende Insekten in Heiden und Ödländern sind nämlich sogenannte Herbsttiere, deren Entwicklung mit der Reifezeit von Gräsern, Disteln und ähnlichen Pflanzen gekoppelt ist. Erst im Spätsommer und Herbst ist in solchen Lebensräumen das Maximum an verfügbarer Nahrung vorhanden. An diesen Entwicklungszyklus haben sich die großen, räuberischen Spinnen offenbar angepaßt.

Bodentrichterspinne
Coelotes terrestris
Familie Trichterspinnen (*Agelenidae*)

Coelotes terrestris und einige andere, sehr ähnliche Arten unterscheiden sich von den übrigen Trichterspinnen durch ihre kompakte Körperform und die recht kurzen Beine. Sie gleichen in Form und Lebensweise viel mehr den Finsterspinnen (Amaurobiidae), nur daß sie kein Cribellum besitzen und ziemlich lange hintere Spinnwarzen aufweisen.
Coelotes terrestris ist ein häufiger Bewohner der Wälder, in denen die Spinnen am Boden, oft an Steine, Baumstümpfe und die Stammbasis von Fichten und Kiefern angelehnt, ziemlich kleine, flache Trichternetze weben. Dort lauert die bis etwa 13 mm lange Spinne nachts auf Beute, geht aber auch aktiv auf die Jagd. Einen bedeutenden Teil ihrer Nahrung machen große, wehrhafte Laufkäfer aus (Gattungen *Abax* und *Pterostichus*), die oft größer sind als sie selbst.
Die Weibchen treiben eine regelrechte Brutpflege und füttern ihre Jungen, die bis zum Tode der Mutter mit dieser zusammenleben. Untersuchungen ergaben, daß die Jungspinnen ihre Mutter geradezu um Futter anbetteln.
Coelotes-Arten gehören in unseren Wäldern zu den wichtigsten räuberischen Kleintieren und können eine sehr große Dichte erreichen.

RL 3 !

Wasserspinne
Argyroneta aquatica
Familie Wasserspinnen (*Argyronetidae*)

Die bis 15 mm lange Wasserspinne ist eine der interessantesten Spinnen überhaupt, denn sie vermag dauernd im Wasser zu leben und hat dort sogar ihre „Wohnung“. Zuweilen wird die Wasserspinne zu den Agelenidae gerechnet, mit denen sie in der Tat nah verwandt ist.

Sie lebt in verkrauteten Gewässern, vor allem in Tümpeln und zuwachsenden Torfstichen, in denen sie ihre Wohnglocke zwischen Wasserpflanzen anbringen kann. Zu diesem Zweck webt sie unter Wasser zunächst eine horizontale Gespinstdecke, taucht dann auf und streckt die Hinterleibsspitze und die Hinterbeine aus dem Wasser. Beim Abtauchen nimmt sie dann eine große Luftblase zwischen den Hinterbeinen mit hinunter. Diese läßt sie unterhalb des Gespinstes frei, so daß es aufgewölbt wird. Nach wiederholtem „Luftholen“ entsteht so eine geräumige Luftblase unter dem Gespinst, in der die Spinne atmen und ihre Nahrung verzehren kann. Die Luft muß allerdings immer wieder erneuert werden.

Die Wohnglocke der Wasserspinne ist eines der Kunstwerke der Natur. Zwar gibt es eine ganze Reihe von Spinnen, die auf dem Wasser leben und sogar tauchend ihre Nahrung suchen, aber keine andere hat sich so genial an das Leben im Wasser angepaßt.

Die Wohnglocke dient nicht nur als Aufenthaltsraum für die Spinne, sondern auch als Kinderstube, in der die Jungspinnen aus dem Eikokon schlüpfen und ihre erste Zeit verbringen.
Außerdem ist die Glocke für die Ernährung der Wasserspinne wichtig: Von der Glocke gehen Signalfäden nach verschiedenen Richtungen aus, die der Spinne vorbeikommende Beutetiere, Insektenlarven, Wasserasseln und selbst Kaulquappen und Jungfische melden. Dann stürzt die Spinne aus der Glocke heraus, ergreift das Beutetier und trägt es in die Glocke, in der sie es verzehrt. Die Nahrungsaufnahme geschieht, wie bei allen Spinnen, durch äußere Verdauung, d.h., die Spinne speit Verdauungssaft über ihr Opfer aus, verflüssigt es und saugt es dann auf. Eine derartige Nahrungsaufnahme ist jedoch unter direktem Kontakt mit dem Wasser nicht möglich. Daher müssen alle anderen im Wasser jagenden Spinnen zum Fressen ans Land.
Die Wasserspinne ist wegen der Zerstörung bzw. Verschmutzung vieler Kleingewässer heute selten geworden. Sie kann nur existieren, wo ein reicher submerser Pflanzenwuchs und genügend Kleintiere als Nahrung vorhanden sind. Früher fand sie sich in vielerlei Kleingewässern, Tümpeln, Abzugsgräben und in der Uferzone von Seen. An günstigen Stellen, etwa in *Sphagnum*-reichen Torfstichen, kam sie in großen, dichten Kolonien vor. Abgesehen von einigen Moorgebieten ist heute die Beobachtung einer Wasserspinne ein seltenes Erlebnis. Es wäre bedauerlich, wenn vielleicht gerade diese Art aussterben müßte.

Listspinne
Pisaura mirabilis
Familie Raubspinnen (*Pisauridae*)

Die Raubspinnen sind sehr nah mit den Wolfsspinnen verwandt und zeigen auch viele Ähnlichkeiten im Verhalten. Sie unterscheiden sich vor allem in der Augenstellung, denn die hinteren Augen bilden ein breites Trapez.
Die Listspinne *Pisaura mirabilis* wird bis 14 mm lang und findet sich überall in niedriger Vegetation. Sie fehlt nur in schattigen Wäldern und in sehr feuchten Lebensräumen. Die meisten Leser werden die Spinne schon mit weit ausgebreiteten Beinen auf einem Pestwurzblatt beim Sonnen beobachtet haben, und wenn sie bei Störungen blitzschnell unter dem Blattrand verschwindet.

Die Listspinne ist vor allem durch ihr raffiniertes Balzverhalten bekannt geworden:
Vor der Paarung fängt das Männchen eine Fliege und spinnt diese ein. Dieses „Brautgeschenk" bietet es dann dem Weibchen mit hoch erhobenen Vorderbeinen an. Wenn das Weibchen das Geschenk annimmt, nutzt das Männchen die Gelegenheit, sich schnell zu paaren und ebenso schnell wieder zu entkommen.
Der Eikokon wird vom Weibchen mit den Chelizeren herumgetragen, bis die Jungspinnen schlüpfen. Für sie baut das Weibchen dann eine Gespinstglocke und hält sich in der Nähe auf.

RL 3

Gerandete Jagdspinne
Dolomedes fimbriatus
Familie Raubspinnen (*Pisauridae*)

Die Gerandete Jagdspinne ist mit annähernd 2 cm Körperlänge die größte deutsche Spinne.
Das auffällige, schön gezeichnete Tier bewohnt Ufer aller Art, aber auch Sumpfwiesen, Rieder und Bruchwälder.
Die Spinne lebt meist in unmittelbarer Gewässernähe, und man sieht sie gewandt auf der Wasseroberfläche entlanglaufen und sogar tauchen. Dabei erbeutet sie Wasserinsekten, aber auch Kaulquappen, kleine Fische und sogar Frösche.
Die Weibchen tragen ihren Eikokon in gleicher Weise wie die Listspinne in ihren Chelizeren mit sich herum. Zu dieser Zeit können sie natürlich nicht jagen. Nach dem Schlüpfen der Jungspinnen sind sie imstande, noch weitere Kokons herzustellen.
Die Entwicklung dieser großen Spinne dauert bis zur Geschlechtsreife 2 Jahre.
Die Gerandete Jagdspinne ist infolge der weitreichenden Zerstörung bzw. Entwässerung ihrer Lebensräume in den letzten Jahren recht selten geworden und muß heute bereits als gefährdet bezeichnet werden.
Das Aussterben dieser auffallenden und biologisch hochinteressanten Art würde jedoch einen echten Verlust für unsere Umwelt darstellen.

Kreiselspinne
Tamopsis occidentalis
Familie Kreiselspinnen (*Hersiliidae*)

Die Kreiselspinnen sind eine eigenartige Spinnenfamilie der wärmeren Zonen. In Europa leben nur wenige Arten.
Die abgebildete Art kommt in Australien vor und lebt auf den Stämmen von Eukalypten, denen sie farblich hervorragend angepaßt ist.
Arten dieser Familie sind auf den ersten Blick an den sehr langen, den Hinterleib weit überragenden Spinnwarzen zu erkennen. Infolge ihrer Tarntracht muß man allerdings sehr genau hinsehen, da sie meist bewegungslos auf der Rinde oder unter Steinen sitzen. Aufgeschreckt rennen sie mit ungeheurer Geschwindigkeit in Spiralen um den Baumstamm herum, um dann wieder bewegungslos zu verharren.
Auch beim Beutefang verlassen sie sich auf ihre große Geschwindigkeit: Sie umkreisen ihre Beute – kleine Insekten, z. B. Ameisen, Grillen, Schaben – sehr schnell und spinnen sie mit Hilfe ihrer langen Spinnwarzen ein.
Kreiselspinnen kann man bereits in Südeuropa in warmen, trockenen Gegenden unter Steinen finden, wo sie in einem lockeren, unregelmäßigen Gespinst sitzen. Dort wird auch der Eikokon abgelegt.
Über die Lebensweise ist sonst wenig bekannt.

Wolfsspinne
Pardosa lugubris
Familie Wolfsspinnen (*Lycosidae*)

Pardosa lugubris ist eine unserer häufigsten mittelgroßen Wolfsspinnen. Sie wird etwa 7 mm lang. Die Männchen sind etwas kleiner als die Weibchen, deutlich schlanker und langbeiniger.
Pardosa lugubris bewohnt Waldlichtungen, lichte Laubwälder, buschdurchsetzte trockene Wiesen und Waldränder, wo sie, meist in sehr großer Anzahl, frei am Boden herumstreift.
Die Spinne gehört zu einer sehr artenreichen Gattung, deren Angehörige die verschiedenartigsten Lebensräume besiedeln.
Wie sehr viele Wolfsspinnen ist *Pardosa lugubris* ein tagaktiver Jäger, der seine Beute – kleine Insekten, aber auch andere Spinnen und sogar Artgenossen – frei herumlaufend und vor allem mit Hilfe des Gesichtssinnes jagt. Entsprechend der oft großen Besiedlungsdichte – im späteren Frühjahr kann man es geradezu im trockenen Fallaub rascheln hören, wenn die Spinnen zu Hunderten auf engem Raum herumlaufen – bilden Wolfsspinnen einen wichtigen Faktor in der Nahrungskette, weil sie, auf den Hektar Bodenoberfläche gerechnet, erstaunlich große Mengen von Insekten, darunter auch zahlreiche Schadinsekten, vertilgen. Es wurden bis zu 100 kg Insekten pro Jahr und Hektar errechnet.

Wolfsspinne
Trochosa terricola
Familie Wolfsspinnen (*Lycosidae*)

Trochosa terricola ist die häufigste der 4 heimischen Arten der Gattung *Trochosa*. Sie bewohnt trokkene Örtlichkeiten, z. B. Waldlichtungen, Trockenhänge und Ödländer und ist dort manchmal sehr zahlreich. Sie gehört zu den großen Wolfsspinnen und kann bis über 12 mm lang werden. (Andere Arten der Gattung können aber noch erheblich größer werden.)
Trochosa terricola ist ein Nachttier, das tagsüber in einer kurzen Röhre, oft unter Steinen, verborgen ist und dort auch seinen Kokon bewacht.
Die Arten der Gattung *Trochosa* sind nicht leicht unterscheidbar, können aber recht gut durch ihren bevorzugten Lebensraum charakterisiert werden. Eine vor einiger Zeit durchgeführte recht gründliche Untersuchung der 4 Arten ergab, daß die Bevorzugung bestimmter Lebensräume im wesentlichen auf die Grundfaktoren Temperatur, Feuchtigkeit und Lichtmenge zurückgeführt werden kann.
Häufig reagieren die verschiedenen Arten in unterschiedlicher Weise auf die einzelnen Faktoren, und diese Reaktionen kann man unter günstigen Voraussetzungen im Labor testen. Dabei variiert man einen Faktor und hält die übrigen konstant.

RL 2

Wolfsspinne
Arctosa cinerea
Familie Wolfsspinnen (*Lycosidae*)

Mit bis 16 mm Länge ist *Arctosa cinerea* die größte einheimische Wolfsspinne. Sie bewohnt die Uferschotter und Sandbänke an Flüssen und Seen und verbirgt sich im Schotter oder in kleinen Wohnlöchern im groben Sand.

Durch ihre grau-weiß gesprenkelte Oberseite, insbesondere die stark geringelten Beine, ist sie in ihrem Lebensraum nur äußerst schwierig zu entdecken, zumal dieser ihr zahlreiche Schlupfwinkel zum Entkommen bietet.

Infolge ihrer Größe ist *Arctosa cinerea* in der Lage, sehr große und wehrhafte Beutetiere zu überwältigen. Sie nimmt es zum Beispiel sogar mit den gleichfalls auf Sandbänken jagenden großen Sandlaufkäfern der Gattung *Cicindela* auf, die mit ihren gewaltigen, kräftig bezahnten Mandibeln wirklich ernst zu nehmende Gegner sind.

Mit der katastrophalen Zerstörung der meisten natürlichen Uferbiotope infolge der Begradigung oder Aufstauung unserer größeren Flüsse sind die für diese große Spinne verfügbaren Lebensräume bei uns stark geschrumpft. *Arctosa cinerea* ist daher heute in der Bundesrepublik ein relativ seltenes Tier und häufiger nur noch an den Oberläufen einiger Voralpenflüsse anzutreffen.

RL 3

Wolfsspinne
Alopecosa accentuata (*Tarentula accentuata*)
Familie Wolfsspinnen (*Lycosidae*)

Alopecosa accentuata ist eine der mittelgroßen, bei uns heimischen Tarantelverwandten. Sie wird etwa 12 mm lang und bewohnt trockene, oft steinige Örtlichkeiten, zum Beispiel Kalktrockenrasen. Ihre stark gesprenkelte Oberseite und die geringelten Beine verleihen ihr eine vorzügliche Tarnung in ihrem Lebensraum.
Alopecosa accentuata ist recht wärmeliebend und kommt vor allem in Wärmegebieten vor. Offensichtlich ist sie in ihrer Verbreitung im Rückgang begriffen, daher steht sie auf der Roten Liste.
Wie alle Arten ihrer Gattung lebt sie die meiste Zeit über in einer ausgesponnenen Röhre im Erdboden. Dort sitzt sie lauernd am Röhreneingang und überfällt vorbeilaufende Beutetiere jeder Art, streift aber auch am Boden herum. Sie zeigt also ein ganz ähnliches Verhalten wie ihre Verwandten, die großen südeuropäischen Taranteln.
Auch die Gattung *Alopecosa* ist bei uns recht artenreich. Die Bestimmung der einzelnen Arten ist jedoch schwierig. Hierfür wird unter anderem auch die Rückenzeichnung herangezogen, die zwar innerhalb der Art und zwischen Männchen und Weibchen etwas variiert, aber insgesamt typisch für jede Art ist.

Wolfsspinne
Alopecosa cuneata
Familie Wolfsspinnen (*Lycosidae*)

Diese kleinere, besonders auffällig gezeichnete Art bewohnt Trockenrasen, vor allem auf Sandgrund, und lebt in kurzen Wohnröhren im Boden.
Bei den etwa 7 mm langen Männchen sind die Schienen des ersten Beinpaares auffällig verdickt. Die Weibchen werden etwas größer und zeigen diese Bildung nicht. Die Schienen spielen sicherlich eine wichtige Rolle in der Balz der Männchen, bei der sie sich den Weibchen mit hoch erhobenen Vorderbeinen präsentieren.
Bei wehrhaften Räubern, wie es die Wolfsspinnen sind, ist die Balz für die Männchen besonders wichtig. Denn sie dient dazu, dem Weibchen zu signalisieren, daß es das Männchen bitte nicht als Beute ansehen soll. Die stark ritualisierten Balzhandlungen erfüllen diesen Zweck und versetzen das Weibchen zugleich in Paarungsstimmung. Wenn mehrere ähnliche Arten einer Gattung im gleichen Lebensraum vorkommen, hat die Balz zudem den Zweck, dafür zu sorgen, daß sich nur artgleiche Tiere paaren.
In der Tat erbeuten nicht wenige Wolfsspinnen ohne weiteres artfremde oder auch arteigene Spinnen, insbesondere die eigenen Jungtiere. Diese leben daher zunächst möglichst verborgen und zerstreuen sich sehr schnell.

Wasserjäger

Pirata piraticus

Familie Wolfsspinnen (*Lycosidae*)

Pirata piraticus bewohnt wie ihre Gattungsgenossen feuchte Lebensräume, vor allem Ufer der verschiedensten Gewässer, aber auch sumpfige Wiesen. Die Art ist imstande, geschickt über die Wasseroberfläche zu laufen, indem sie sich auf dem Oberflächenhäutchen des Wassers fortbewegt. Bei genauer Betrachtung kann man die kleinen Eindrücke in das Häutchen sehen, die von den Beinen verursacht werden. Andererseits ist die Spinne auch fähig, die Oberflächenspannung des Wassers zu überwinden und zu tauchen. Dabei vermag sie in ihrem dichten Haarfilz Luft mit unter die Wasseroberfläche zu nehmen, so daß sie es auch einige Zeit unter Wasser aushalten kann.

Pirata piraticus wird etwa 8 mm lang und findet sich in ihrem Lebensraum überall in großer Anzahl.

Der Wasserjäger ernährt sich von allerlei Kleininsekten in der Ufervegetation und der Bodenstreu, erbeutet aber auch Insektenlarven, die unterhalb der Wasseroberfläche hängen, sowie anfliegende Insekten, die auf dem Oberflächenhäutchen des Wassers landen oder „verunglücken". Selbst unter Wasser verfolgt sie Insektenlarven, Kleinkrebschen und Wasserasseln, die sie aber außerhalb des Wassers verzehren muß.

Wasserjäger
Pirata latitans
Familie Wolfsspinnen (*Lycosidae*)

Alle *Pirata*-Arten besiedeln Ufer und sonstige feuchte Lebensräume. Sie zeigen jedoch jeweils so spezielle Anpassungen an ihren bevorzugten Lebensraum, daß selten mehrere Arten am gleichen Ort vorkommen.
Die nur etwa 5 mm große *Pirata latitans* lebt zum Beispiel bevorzugt im feuchten Moos und in anderer Vegetation in Gewässernähe sowie in Mooren.
Wie bei allen Wolfsspinnen webt das Weibchen vor der Eiablage einen festen, im Vergleich zur Spinne oft recht großen, runden Kokon und trägt diesen ziemlich fest an die Spinnwarzen angeheftet stets mit sich herum.
Im Kokon sind die Eier gegen Feuchtigkeit und andere schädliche Umwelteinflüsse sowie gegen Feinde geschützt, denn der Kokon wird vom Weibchen verteidigt.
Nach dem Schlüpfen versammeln sich die Jungspinnen auf dem Hinterleib der Mutter und werden bis zur folgenden Häutung herumgetragen. Auch das ist ein guter Schutz für die noch recht wehrlosen Jungspinnen.
Nach der Häutung zerstreuen sich sich jedoch sehr rasch, auch aus begründeter Furcht, von erwachsenen Artgenossen verzehrt zu werden. Nach Untersuchungen fallen tatsächlich ziemlich viele Jungspinnen ihren erwachsenen Artgenossen zur Beute.

Wolfsspinne

Aulonia albimana

Familie Wolfsspinnen (*Lycosidae*)

Aulonia albimana ist eine der kleinsten einheimischen Wolfsspinnen, denn ihre Weibchen erreichen nur wenig mehr als 4 mm Länge.
Ihr Artname bezieht sich auf die auffälligen weißen Flecken am Taster.
Die Spinne lebt an sonnigen, trokkenen Stellen auf Ödländern, Trockenhängen und ähnlichen Orten, meist im Verborgenen unter Steinen, Moos und Holz.
Erst vor kurzer Zeit wurde entdeckt, daß die Art ihre Nahrung nicht frei herumstreifend sucht, sondern daß sie ein kleines Bodennetz anfertigt, das demjenigen der Agelenidae recht ähnlich sieht: Es besteht aus einem flachen Gespinst mit einer zentralen, nach unten verlaufenden Wohnröhre.
Das Netzbauverhalten dieser Art ist sehr ungewöhnlich, denn die Wolfsspinnen haben im allgemeinen keine Netze. Lediglich einige Arten tapezieren ihre Bodenröhren mit Gespinst aus. Ihre Beute fangen sie aber immer freilaufend oder als Lauerjäger am Eingang ihrer Röhre sitzend.
Aulonia albimana gilt als recht seltene Art. Dies mag aber daran liegen, daß man sie seltener im Freien findet als die anderen herumschweifenden Wolfsspinnen.
In den letzten Jahren wurde die Art häufiger bei Untersuchungen auf Trockenhängen festgestellt.

Tarantel

Geolycosa sp.
Familie Wolfsspinnen (*Lycosidae*)

Die Arten der Gattung *Geolycosa,* die sogenannten Taranteln, sind die Riesen innerhalb der ungemein artenreichen Familie der Wolfsspinnen. Bei uns kommen sie nicht vor, in Südeuropa trifft man jedoch auf trockenen Wiesen und Weiden und auf steinigen Ödländern allenthalben die trichterartig, meist senkrecht oder schräg in den Boden reichenden Wohnröhren der Taranteln an. Wenn man Glück hat, kann man die Spinne am Eingang lauern sehen. Meist läßt sie sich aber bei Annäherung tief in ihre Röhre hineinfallen, denn Taranteln sind außerordentlich empfindlich gegenüber Bodenerschütterungen. Mit einigem Geschick kann man sie aber mit einem Grashalm herauskitzeln, weil sie sich oft voller Wut in diesen störenden Gegenstand verbeißen.

Mit 2–3 cm Körperlänge sind die Taranteln imponierende Spinnen. Leider haben diese Spinnen einen überaus schlechten Ruf, ihr Biß ist nämlich durchaus nicht gefährlich, wenn auch, angesichts der Größe der Tiere, gewisse leichte Vergiftungserscheinungen auftreten können. Nur wenige tropische Taranteln sind ernst zu nehmende Giftspinnen.

Im Gegensatz zu den Taranteln bauen die meisten einheimischen Wolfsspinnen keine Erdröhre, sondern leben unter Steinen oder in der Streu.

Wie gefährlich sind Spinnen?

Die Giftigkeit der Spinnen wird meistens arg übertrieben. Zwar besitzen die allermeisten Spinnen Giftdrüsen, deren Gift im allgemeinen zum Töten der Beute ausreicht. Jedoch dient das Gift in erster Linie dem Nahrungserwerb, nicht aber der Abwehr von Feinden. Daher entspricht es in seiner Wirksamkeit den meist kleinen Beutetieren.

Die meisten Spinnen sind überdies nicht imstande, mit ihren Chelizeren die menschliche Haut zu durchbohren. Daher bleibt der Biß fast aller heimischen Spinnen gänzlich folgenlos, und nur von wenigen Arten sind mäßige Vergiftungserscheinungen bekannt.

Eine dieser Arten ist der in wenigen Gebieten Südwestdeutschlands lebende Dornfinger *Cheiracanthium punctorium,* dessen Biß lokale Schmerzen, Lähmungen und Schüttelfrost bewirken kann. Diese Erscheinungen gehen aber meist nach kurzer Zeit, längstens nach ein bis zwei Wochen zurück.

Auch in den Tropen ist die Zahl der wirklich gefährlichen Spinnen außerordentlich gering. Genannt werden müssen allerdings die in allen Kontinenten verbreiteten Schwarzen Witwen (*Latrodectus*), deren Bisse sehr schmerzhaft sind und tödlich sein können. Gefährliche und auch sehr aggressive Tiere sind die südamerikanischen Kammspinnen. *Ctenus nigriventer* (= *Phoneutria fera*), eine herumvagabundierende jagende Art, kann den Menschen aus 50 cm Entfernung anspringen und tödliche Bisse austeilen.

Die großen Vogelspinnen sind dagegen überwiegend harmlos, wenn sie auch mit ihren gewaltigen Chelizeren Wunden verursachen können, die sich bei Verunreinigungen entzünden. Die meisten Vogelspinnen sind zudem nicht aggressiv.

Gefährlicher sind dagegen einige kleinere, zur weiteren Verwandtschaft der Vogelspinnen gehörige Arten. Die Männchen des australischen *Atrax robustus* z. B. dringen zur Paarungszeit gern in Gebäude ein und sind dann auch sehr aggressiv. Vermutlich handelt es sich bei dieser Art um die giftigste Spinne überhaupt. Die großen, häufig mit tropischen Früchten bei uns eingeschleppten Bananenspinnen (Eusparassidae), oft handgroße Tiere, sind gänzlich harmlos. Im Gegenteil, in ihren Herkunftsländern werden diese nächtlichen Tiere gern in Haus und Hof geduldet, weil sie andere, gefährlichere Gäste kurzhalten. Bei uns brauchen wir uns also nicht vor Spinnen zu fürchten.

Wie bereits erfahren, gehören die Spinnen in die große Klasse der Spinnentiere (Arachnida), zu der noch die folgenden Ordnungen zählen:

Skorpione
Pseudoskorpione
Geißelskorpione
Geißelspinnen
Walzenspinnen
Weberknechte
Milben und Zecken

Das älteste Fossil eines Spinnentieres, das wir kennen, war ein skorpionsartiges Lebewesen aus dem Silur (vor 400 Millionen Jahren). Auch die heutigen Skorpione zeigen noch viele altertümli-

Andere Spinnentiere

chen Merkmale, etwa in ihrer vollkommenen äußeren und starken inneren Gliederung und ihrem scherenförmigen Pedipalpus. Der Hauptverbreitungsraum der Skorpione liegt in heißen, trockenen Klimaten und im Mittelmeerraum. Mit etwa 700 Arten sind sie ziemlich artenarm, und ihre Biologie ist recht eintönig.

Die kleinen Pseudo- oder Afterskorpione sind auch bei uns zahlreich im Moos und unter Rinde zu finden. Sie gleichen den Skorpionen nur äußerlich, sind jedoch weitaus moderner organisiert und mit über 2000 Arten auch artenreicher.

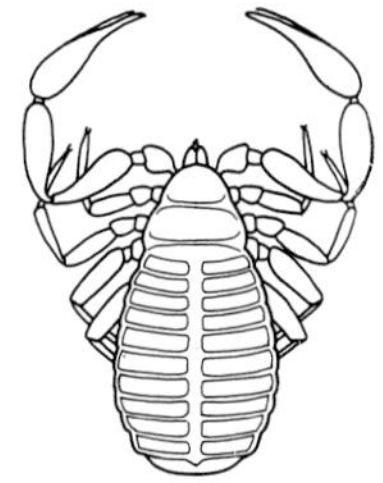

Afterskorpion

Die exotischen Geißelskorpione (Uropygi) und Geißelspinnen (Amblypygi) haben mit den Skorpionen bzw. Spinnen wenig zu tun und nehmen eine Mittelstellung zwischen beiden ein.

Die großen Walzenspinnen (Solifugae) der Wüstengebiete vereinigen ursprüngliche und sehr spezialisierte Merkmale und stellen wohl einen alten Nebenast am Stammbaum der Spinnentiere dar.

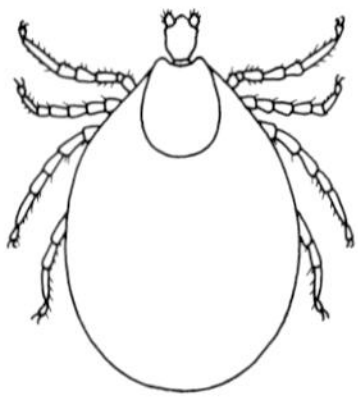

Zecke

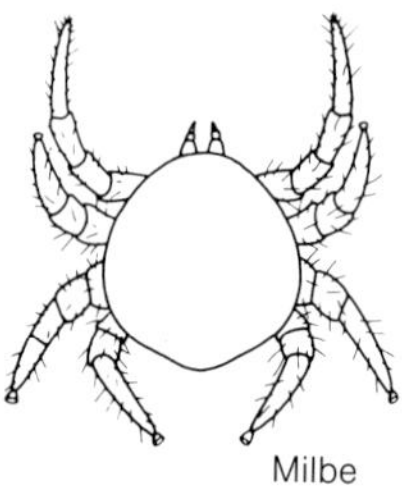

Milbe

Die Weberknechte (Opiliones) lassen sich durch ihren breit am Vorderkörper ansetzenden Hinterleib gut von den Spinnen unterscheiden. Die 4 Paar langen Laufbeine brechen sehr schnell ab, manche Arten können bei Gefahr auch einfach ein Bein „abwerfen“, das dann auch noch weiterzuckt, um den Feind vom eigentlichen Opfer abzulenken. Die Weberknechte sind recht artenreich (etwa 3000 Arten) und auch ziemlich hoch entwickelt.

Die höchstentwickelten Spinnentiere neben den Spinnen sind jedoch die Milben (Acari). Bei den Milben ist der Hinterleib fest mit dem Vorderkörper verwachsen; erwachsene Tiere tragen 4 Paar Beine, Larvenstadien jedoch nur 3 Paar. Die Beine sind an die jeweilige Lebensweise angepaßt: Wassermilben z. B. tragen Schwimmborsten an den Beinen, parasitische Milben dagegen besitzen oft nur Stummelbeine. Mit über 10 000 bekannten Arten sind die Milben sehr artenreich und haben als einzige Spinnentiere auch das Wasser zurückerobert. Viele Arten sind Parasiten, die meisten aber leben räuberisch am und im Boden.

Italienischer Skorpion
Euscorpius italicus
Skorpione (*Scorpiones*)

Euscorpius italicus ist einer der wenigen in Europa vorkommenden Skorpione und bereits in den Südalpen auf trockenen Hängen zu finden.
Mit höchstens 7 cm Länge ist er eine der kleineren und ziemlich ungefährlichen Arten, und sein Stich ist nicht viel schlimmer als ein Bienenstich und führt nur unter sehr unglücklichen Umständen zum Tode.
Die Skorpione sind sicherlich die urtümlichsten existierenden Spinnentiere, die sich seit mehreren 100 Millionen Jahren nur wenig verändert haben. Die gesamte Gruppe ist sehr einheitlich organisiert und führt auch eine recht ähnliche Lebensweise.
Entgegen der landläufigen Meinung kommen Skorpione nicht nur in Wüstengebieten vor, sondern besiedeln auch die tropischen Regenwälder, in denen sie sogar in die Wipfel der Bäume vorgedrungen sind.
Auch in Südeuropa findet man Skorpione durchaus in feuchten Gebirgswäldern. In den Südalpen gehen sie sogar bis weit über die Waldgrenze hinauf. Immer jedoch benötigen sie einen dunklen, nicht besonnten Unterschlupf unter Steinen, Holz, Rinde oder in tiefen Erdlöchern, in dem sie vor zu großer Verdunstung geschützt sind. Aus diesem Grund sind sie auch nur nachts aktiv.

Gelber Skorpion
Buthus occitanus
Skorpione (*Scorpiones*)

Der Gelbe Skorpion kann 12 cm lang werden und kommt in Südeuropa vor. Sein Stich ist durchaus ernst zu nehmen und kann schwere Vergiftungserscheinungen hervorrufen! In manchen Gebieten Südeuropas ist er ungemein häufig, man findet dann unter jeder Steinplatte einen oder sogar mehrere Skorpione.

Berühmt ist der komplizierte Hochzeitstanz der Skorpione, bei dem sich die Partner an den Scheren halten und das schlankere Männchen das Weibchen über den von ihm abgesetzten Samenbehälter zieht.

Skorpione sind Nachttiere, die umherstreifen und ihre Beute vor allem mit Hilfe der Tasthaare auf den Pedipalpen wahrnehmen. Diese wird mit den Scheren gegriffen, mit dem Giftstachel getötet, der sich dazu über den Vorderkörper nach vorn biegt, und anschließend mit den Chelizeren zerrissen. Die Nahrungsbrocken werden mit Verdauungssaft bespien, verflüssigt und dann aufgesaugt. Der Giftstachel ist daher in erster Linie zum Töten der Beute bestimmt.

Die meisten Skorpione sind nicht gefährlich. In den Tropen gibt es allerdings Arten, deren Stich tödlich sein kann. Es empfiehlt sich daher, Schuhe und Kleider vor dem Anziehen auszuschütteln. Schon mancher fand morgens einen Skorpion im Schuh!

Moosskorpion

Neobision muscorum

Pseudoskorpione (*Pseudoscorpiones*)

Neobisium muscorum ist der häufigste Pseudoskorpion unserer Fauna. Wie sein deutscher Name besagt, findet er sich im Moos und in der Streuschicht der Wälder, aber auch unter Rinde, wo er mit weit nach vorn gehaltenen Scheren (Pedipalpen) auf Nahrungssuche herumläuft.

Als Nahrung dienen ihm alle kleinen Insekten, deren er habhaft werden kann.

Sein Verwandter, der Bücherskorpion, war früher in alten Büchern recht häufig und spürte dort den Staubläusen nach. Es mag verwundern, daß Pseudoskorpione in Büchern wohnen können; als Spaltenbewohner mit stark abgeflachtem Körper sind sie für solche Lebensweise aber geradezu prädestiniert.

Mit den echten Skorpionen haben die Pseudoskorpione wenig zu tun. Dies zeigt ein Blick auf den Hinterleib, dem der Schwanz der echten Skorpione fehlt. In ähnlicher Weise wie die Skorpione ergreift allerdings auch der Moosskorpion seine Beutetiere mit den Pedipalpenscheren und führt sie den direkt am Mund ansetzenden Chelizeren zu.

Pseudoskorpione sind besonders häufige Gäste in Nestern aller Art, bei Säugern, aber auch bei Ameisen und Bienen. Hier verzehren sie die Larven von Fliegen, Käfern, Wachsmotten, Flöhen und anderen lästigen Gästen.

Walzenspinne
Gluvia chapmanni
Walzenspinnen (*Solifugae*)

Die Walzenspinnen haben trotz ihres Namens wenig mit den echten Spinnen gemeinsam: Sie bilden eine recht isolierte, ursprüngliche Gruppe innerhalb der Spinnentiere. Ihre Chelizeren sind im Unterschied zu den Spinnen noch scherenförmig und dienen dem Ergreifen und Zerreißen der Beute. Die stark bedornten Scherenfinger werden schnell hin und her bewegt und können auch große Beutetiere durchschneiden oder aufreißen.
Entsprechend ihrer Größe – manche Arten werden 7 cm lang – überwältigen Walzenspinnen große, wehrhafte Insekten, zuweilen sogar kleine Wirbeltiere, etwa Eidechsen oder Mäuse. Sie selbst sind sehr wehrhafte, bei Beunruhigung auch aggressive Tiere, die auch den Menschen bis aufs Blut beißen können. Da sie ungiftig sind, ist der Biß aber ganz ungefährlich.
Walzenspinnen bewohnen die Trockenzonen der wärmeren Gebiete. Sie finden sich in Europa bereits in Spanien und Griechenland, kommen aber vor allem in Afrika und Westasien vor.
Sie sind Nachttiere, die nur sehr schlecht sehen können, aber mit ihren langen Tasthaaren bereits leichte Luftbewegungen wahrnehmen. Ihre Bewegungsweise ist ein sehr geschwindes Huschen.

Geißelskorpion

Mastigoproctus sp.

Geißelskorpione (*Uropygi*)

Die wenigen Arten der Geißelskorpione kommen in den Tropen und Subtropen der meisten Kontinente vor. Sie gleichen oberflächlich den Skorpionen, deren Größe sie auch erreichen, vor allem darin, daß sie langgestreckt sind und einen Schwanzanhang tragen. Diesem fehlt allerdings der Giftstachel. Überhaupt sind die Geißelskorpione ganz ungiftig.

Ihre Pedipalpen sind nicht mit einer Schere bewehrt, sondern bilden einen Fangkorb. Das erste Beinpaar ist zu einem langen, mit zahlreichen Tasthaaren besetzten Tastorgan umgewandelt, mit dessen Hilfe sich die Geißelskorpione vornehmlich orientieren, denn sie sind reine Nachttiere, denen die Augen wenig nützlich sind.

Geißelskorpione sind Spaltenbewohner, die sich tagsüber unter Streu, Holz, Steinen oder in Felsritzen verstecken und nachts auf die Jagd gehen. Durch heftiges Zusammendrücken der großen Pedipalpen töten sie ihre Beutetiere, große Insekten, gelegentlich auch kleine Wirbeltiere. Als Schutz gegen Feinde dienen ihnen außer den Pedipalpen, die sie wirkungsvoll einsetzen können, Abwehrdrüsen, die ein stark ätzendes Sekret (vor allem Essigsäure) bis 30 cm weit aussprühen können.

Geißelspinne
Geißelspinnen (*Amblypygi*)

Die Geißelspinnen stimmen mit den Geißelskorpionen in vielen äußerlichen Merkmalen überein. Stammesgeschichtlich gesehen sind sie aber „moderner", denn der Schwanzanhang fehlt, die Beine sind stark verlängert und seitlich angeordnet, so daß sie überaus rasch seitlich laufen können. Das Tastbein ist außerordentlich verlängert, und die Zahl der Glieder hat sich beträchtlich vermehrt. Bei den größeren Arten spannen die Tastbeine bis 25 cm. Auch die Geißelspinnen leben in den Tropen und Subtropen, vor allem in Wäldern. Sie sind ebenfalls Spaltenbewohner und leben gern unter Rinde, dringen aber auch in menschliche Behausungen ein, in denen sie nachts auf der Jagd an den Wänden entlanglaufen. Der Fang geschieht in ähnlicher Weise wie bei den Geißelskorpionen.

Der Paarung geht ein lange anhaltender Balztanz voraus, bis das Männchen einen Samenbehälter am Boden absetzt und das Weibchen dorthin geleitet.

Die Eier werden später vom Weibchen in einem Sekretbehälter am Bauch herumgetragen, und die frischgeschlüpften jungen Geißelspinnen bleiben noch einige Zeit lang auf dem Hinterleib der Mutter sitzen, bis ihr Chitinpanzer ausgehärtet ist.

Weberknecht

Mitopus morio

Weberknechte (*Opiliones*)

Mitopus morio ist einer der typischen langbeinigen Vertreter der Weberknechte.

Das bis etwa 8 mm lange Tier – die Beine werden allerdings viel länger – findet sich im Spätsommer und Herbst häufig in schattigen, nicht zu feuchten Wäldern. Es lebt räuberisch von kleinen Insekten und anderen Wirbellosen, die mit Hilfe der Chelizeren ergriffen und gefressen werden.

Die Weberknechte sind besonders durch den breit am Vorderkörper ansetzenden Hinterleib ausgezeichnet sowie durch die langen, vielgliedrigen Beine, die sie bei Gefahr abwerfen können (Autotomie). Es ist keine Seltenheit, im Herbst Weberknechte mit nur noch 5 oder 6 Beinen anzutreffen. Da die kleinen Chelizeren nicht zur Feindabwehr benutzt werden können, schützen sich die Weberknechte durch eine solche Autotomie.

Außerdem besitzen sie Stinkdrüsen, deren Sekret ebenfalls zur Abwehr von Feinden wirksam ist.

Die Augen der Weberknechte sitzen meist etwas erhöht auf einem Augenhügel. Sie sind aber nicht sehr leistungsfähig, und die Weberknechte verlassen sich daher mehr auf ihren Tastsinn. Überdies sind die meisten Arten Nachttiere, die nur selten auch in der Dämmerung herumlaufen.

Brettkanker
Trogulus sp.
Weberknechte (*Opiliones*)

Die Brettkanker bilden mit ihrer flachen Körperform, der einfarbig braunen Farbe und ihren ziemlich kurzen Beinen eine auffällige Ausnahme unter den allgemein langbeinigen Weberknechten. Körperform und Färbung sind jedoch Anpassungen an eine ungewöhnliche Lebensweise:
Brettkanker leben nämlich in der Bodenstreu, im Moos und an und unter Rinde von Fallholz in feuchten, dunklen Wäldern und können als Spaltenbewohner bezeichnet werden. Zusätzliche Tarnung verleiht ihnen die Verkrustung ihrer Körperoberfläche mit Erde oder Mulm. In der Tat sind sie nur sehr schwer erkennbar, zumal sie sich nur träge und langsam bewegen.
Angesichts ihrer langsamen Fortbewegungsweise erstaunt es, daß die Brettkanker sich räuberisch ernähren. Sie fressen jedoch vor allem Schnecken, also Tiere, die noch langsamer sind als sie selbst und die sie mit ihren Chelizeren packen und ausfressen.
Infolge der Zerstörung vieler ursprünglicher, naturnaher Wälder, vor allem der Ausräumung des Waldbodens, gilt der Brettkanker als gefährdet und ist daher geschützt.
Sein Vorkommen ist sicherlich ein Indiz für noch naturnahe Verhältnisse.

Tropische Milbe

Milben (*Acari*)

Die Milben sind neben den Spinnen die artenreichste Ordnung der Spinnentiere. Über 10 000 Arten sind beschrieben, die wirkliche Artenzahl dürfte aber weit höher sein.

Milben sind in der Regel sehr klein; zu ihnen gehören die kleinsten Gliederfüßer, denn es gibt Arten, die nicht größer als 1/10 mm werden.

Von allen anderen Spinnentieren sind die Milben durch ihre eigenartige Körpergliederung unterscheidbar: Ihr Körper ist nämlich nicht in zwei Abschnitte gegliedert, sondern in drei. Der Vorderkörper (Gnathosoma) trägt die Mundwerkzeuge (Chelizeren und Pedipalpen), dann folgt ein zweiter Abschnitt (Propodosoma) mit den beiden ersten, nach vorn gerichteten Laufbeinpaaren. Der dritte Teil (Hysterosoma) ist ein Verschmelzungsprodukt aus dem hinteren Teil des Vorderkörpers und dem Hinterleib, er trägt die beiden hinteren Laufbeinpaare.

Milben gehören zu den häufigsten Kleintieren im Boden und in der Bodenstreu. So können in einem Kubikdezimeter Waldboden weit über 1000 Milben verschiedener Arten stecken. Der größte Teil von ihnen ernährt sich von Pflanzenteilen, Pilzhyphen und zersetzter Streu, einige sind aber auch räuberisch.

Zecke
Ixodes sp.
Milben (*Acari*)

Denken wir an Milben, dann fallen uns zunächst Parasiten oder Krankheitserreger wie die Krätzmilbe oder die Zecke ein. Zwar gibt es eine ganze Reihe solcher Schädlinge, diese dürfen aber nicht darüber hinwegtäuschen, daß die überwiegende Mehrzahl der Milben für den Menschen weder nützlich noch schädlich ist und daß Parasitismus immer eine ungewöhnliche Lebensweise ist.
Die allermeisten Milben sind Pflanzen- oder Partikelfresser, Räuber, die anderen sehr kleinen Gliedertieren nachstellen, oder Abfallfresser. Von den letzteren, die Haare oder Hautreste anderer Tiere verzehren, sind einige wenige zu echten Parasiten geworden, die ihren Wirt durch Blutsaugen oder als Überträger von Krankheiten schädigen.
Der bekannteste dieser Parasiten ist unsere Zecke, die als Überträger verschiedener gefährlicher Krankheiten Bedeutung erlangt hat und bei uns vor allem als Überträger der Erreger von Hirnentzündungen (Enzephalitis) bekannt wurde, einer Krankheit, die häufig zum Tode führt.
In den letzten Jahren ist allerdings eine Schutzimpfung entwickelt worden, die vor allem bei Forstleuten und Waldarbeitern angebracht ist und vor Ansteckung durch diesen Parasiten schützt.
(Das Bild zeigt eine vollgesogene Zecke.)

Exotische Spinnen
aus aller Welt

Exotische Spinnen

Wie bei vielen anderen Kleintieren auch, ist der Formen- und Farbenreichtum der Spinnen bereits im Mittelmeerraum, aber vor allem in den Tropen um ein Vielfaches größer als bei uns. Der mitteleuropäischen Fauna fehlt nicht nur eine ganze Reihe von wichtigen und artenreichen Familien, sondern es fehlen vor allem die großen und – erfreulicherweise für uns – auch die gefährlichen Arten.
Das heißt allerdings nicht, daß es in den Tropen nur große oder farbenprächtige oder gar gefährliche Spinnen gäbe. Nur sind die Verhältnisse dort so günstig – konstant hohe Temperaturen, ausreichend Feuchtigkeit, dichte und außerordentlich nischenreiche Lebensräume –, daß manche Spinnen dort enorme Größen erreichen können.
Der wichtigste Unterschied zu Mitteleuropa ist jedoch die ungeheuer große Artenvielfalt in den Tropen und Subtropen. Den etwa 900 in Mitteleuropa vorkommenden Spinnenarten steht die Gesamtzahl von über 30.000 bekannten Arten gegenüber. Doch damit nicht genug: Gerade in den Tropen gibt es eine Fülle von noch unbeschriebenen Arten zu entdecken, deren Zahl sicherlich in die Tausende geht.
Es ist der Zweck dieses Kapitels, eine Ahnung von dieser ungeheuren Farben- und Formenfülle der exotischen Spinnen zu vermitteln, aber auch von der enormen Verschiedenartigkeit ihrer Biologie, seien es nun Strategien des Nahrungserwerbs oder der Partnerwahl oder der Einpassung in ihren Lebensraum.

Gliederspinne
Lipisthius desultor
Familie Lipisthiidae

Diese 3 – 4 cm große, ziemlich plump gebaute, kurzbeinige, rote Spinne gleicht mit ihrem dunklen Hinterleib und den schwarzen Beinen mit der ebenfalls roten Basis auf den ersten Blick einer Vogelspinne oder einer echten Falltürspinne. Auf den zweiten Blick erkennt man allerdings, daß der Hinterleib der Spinne noch eine äußerliche Gliederung in Körpersegmente aufweist, was diese Spinne und ihre Verwandten von allen anderen heutigen Spinnen unterscheidet. Mit den echten Falltürspinnen ist sie nicht besonders nah verwandt.

Die Gliederspinne lebt in Malaysia am Regenwaldboden in einer mit einer Falltür versehenen Röhre. Dort lauert sie am Ende der Röhre als Ansitzjäger auf vorüberkommende Insekten und sonstige Gliedertiere. Spürt die Spinne die durch das Beutetier hervorgerufene Erschütterung, eilt sie heraus und greift es mit den großen, vogelspinnenähnlichen Giftklauen.

Vermutlich ist die Gliederspinne ein wirkliches „Lebendes Fossil". Denn bei ihr haben sich Reste der ursprünglichen Körpergliederung erhalten, wie sie die Skorpione und Geißelspinnen noch heute besitzen. Auch die großen Giftklauen der Gliederspinne sind sehr „altertümlich".

Falltürspinne
Cteniza sauvagezi
Familie Ctenizidae

Diese Falltürspinne ist eine etwa 3 – 4 cm große, ziemlich untersetzte, kurzbeinige Spinne, die entfernt mit den Vogelspinnen verwandt ist. Ihr Körper und ihre Beine sind bräunlich bis fast schwarz.
Sie ist in Südwesteuropa und Nordafrika in Steppengebieten, auf trockenen Wiesen und Weiden verbreitet und bevorzugt an Wegböschungen zu finden.
Diese Spinnenart hat eine besonders raffinierte Lebensweise entwickelt. Sie gräbt sich nicht nur Wohnhöhlen in die Erde, sondern baut sich dazu noch mit Hilfe ihrer Spinnseide aus Sand oder Erde aufklappbare Deckel, die so gut getarnt sind, daß selbst der findige Arachnologe Mühe hat, sie zu entdecken. Die Wohnröhre ist bis über 30 cm tief und ringsum mit Spinnseide ausgekleidet. Dort lässt sich die Spinne blitzschnell hinunter fallen, wenn Gefahr droht.
Ihre Nahrung besteht aus Insekten und sonstigen Kleintieren, eben aus allem, was zufällig vorbeikommt und zu große Erschütterungen hervorruft oder gar an einen der Signalfäden stößt, welche die Röhre sternförmig umgeben. Denn die Spinne sitzt direkt unter dem Deckel, hält diesen fest und stürzt mit ungeheurer Geschwindigkeit heraus, wenn sich draußen etwas rührt.

Riesenvogelspinne
Theraphosa leblondi
Familie Aviculariidae

Sie ist eine der größten Spinnen überhaupt und kann mit ausgestreckten Beinen über 20 cm spannen. Die Färbung ist ein einheitliches Graubraun, die Beinglieder sind auffällig hell geringelt. Diese echte Vogelspinne besitzt wie alle ihre Verwandten zwei parallel zueinander arbeitende lange Giftklauen, aber, im Gegensatz zur landläufigen Meinung, nur ein verhältnismäßig schwaches Gift.
Sie lebt im Regenwald im zentralen Südamerika.
Diese sehr große Spinne läuft vor allem in der Dämmerung am Waldboden auf der Nahrungssuche herum, kann aber durchaus auch sehr gut klettern, wobei ihr die dichten Haftpolster an den letzten Beingliedern vortreffliche Dienste leisten. Die Riesenvogelspinne orientiert sich vornehmlich mit Hilfe ihrer sehr empfindlichen Tasthaare, während die kleinen Augen wenig leistungsfähig sind. Sie erbeutet alles, was ihr über den Weg läuft, besonders Insekten und andere Gliedertiere, aber auch kleine Amphibien, Reptilien und Säuger. Ihr aufgerichtetes erstes Beinpaar dient zur Abschreckung gegen Feinde, etwa größere Echsen, Vögel und Kleinsäuger, denn es vergößert den Körperumriß der Riesenvogelspinne beträchtlich.

Europäische Vogelspinne
Ischnocolus holosericus
Familie Aviculariidae

Sie ist eine der wenigen Vogelspinnenarten, die auch in Europa vorkommt. Ihr 3 – 5 cm großer Körper ist einfarbig grauschwarz, der Vorderkörper mit stärkerem Glanz. Wie bei allen Vogelspinnen und ihren Verwandten ragen die langen Spinnwarzen weit über den Hinterkörper hinaus. Sie ist in den Steppengebieten Südwesteuropas und Nordafrikas verbreitet.
Diese relativ kleine echte Vogelspinne findet man in Trockengebieten unter Steinen, oft in kleinen Erdhöhlen, die dicht mit Spinnseide ausgesponnen sind. Von hier aus lauert sie auf Beute, vor allem auf größere Insekten, Heuschrecken, Käfer, seltener auch junge Eidechsen oder Jungmäuse. Sie streift aber auch nachts oder in der Dämmerung auf der Nahrungssuche herum. Die Beute wird mit dem Giftbiß der langen Giftklauen getötet, in die Röhre gezogen und anschließend ausgesaugt.
Diese Spinne und ihre wenigen Verwandten in Südosteuropa beweisen, daß auch Europa „echte Vogelspinnen" beherbergt. Der Biß dieser – für Vogelspinnen zwar ziemlich kleinen, für europäische Verhältnisse doch recht großen – Spinnen ist zwar schmerzhaft, aber durchaus harmlos.

Sydney-Trichterspinne
Atrax robustus
Familie Dipluridae

Die Sydney-Trichterspinne ist eine 5 – 6 cm große, glänzend schwarze, ziemlich kompakte Spinne, mit oft bräunlich gefärbtem Hinterleib und auffällig langen Spinnwarzen. Sie ist im südöstlichen Australien beheimatet und kommt vor allem in der Umgebung von Sydney und den Blue Mountains häufig vor. Dort lebt sie in offenen Wäldern, gern in Schuppen und Ställen und dringt auch in Häuser ein.
Die größeren Weibchen leben eher stationär in mit Spinnseide ausgesponnenen trichterartigen Röhren, die sie in hohlen Bäumen, unter Steinen, aber leider auch in und unter Müll in der Nähe menschlicher Wohnungen anlegen. Die schlankeren Männchen vagabundieren eher herum, vor allem zur Paarungszeit.
Sie ernähren sich von verschiedenen Insekten, auch kleineren Wirbeltieren, denen die Spinnen auflauern oder die sie aktiv am Boden jagen.
Die Sydney-Trichterspinne ist eine der giftigsten und gefährlichsten Spinnen überhaupt, weil sie einerseits sehr aggressiv ist und andererseits leider bevorzugt die Nähe des Menschen aufsucht. Bißfälle sind zwar trotzdem recht selten, aber in jedem Fall sehr schmerzhaft und gefährlich, unter Umständen auch tödlich.

Brasilianische Kammspinne
Phoneutria sp.
Familie Ctenidae

Sie ist eine 3 – 4 cm große, entfernt an eine Wolfspinne erinnernde, langbeinige Spinne. Die abgebildete grau-olivgrünliche Art hat gepunktete oder schwach geringelte Beine und lebt im amazonischen Peru. Verwandte Arten besiedeln das gesamte tropische und subtropische Südamerika. Ihr Lebensraum sind die Regenwälder, sie dringt aber auch in menschliche Behausungen ein.
Diese nicht netzbauenden, jagenden Spinnen sind ziemlich rasche Läufer, die am Erdboden, aber auch auf Blättern in niedriger Vegetation auf die Jagd gehen. Sie sehen recht gut und sind auch nachts unterwegs.
Kammspinnen machen Jagd auf allerlei Kleintiere, Insekten, Asseln, andere Spinnen, gelegentlich sogar kleine warmblütige Tiere. Mit ihrem starken Gift sind sie imstande, auch relativ wehrhafte Beute zu überwältigen.
Nicht die großen Vogelspinnen, sondern die Kammspinnen sind die gefährlichsten Spinnen in Südamerika, da sie gern in Behausungen der Menschen eindringen und überdies ziemlich aggressiv reagieren. Es wird sogar berichtet, daß Kammspinnen Menschen geradezu „anspringen“. Trotz des verfügbaren Serums gibt es auch heute noch zahlreiche Todesfälle.

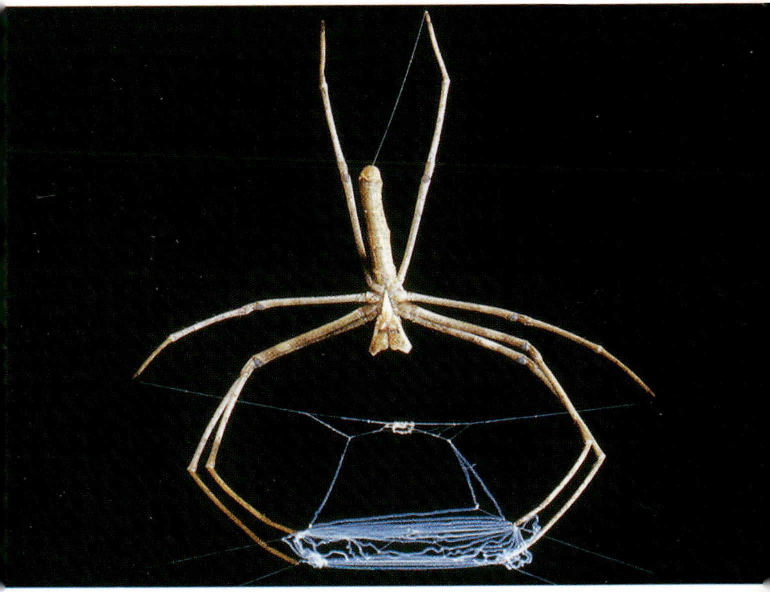

Großaugenspinne
Dinopis subrufa
Familie Dinopidae

Diese langgestreckte, zylindrische, sehr langbeinige Spinne besitzt ziemlich große, seitlich gegeneinander arbeitende Giftklauen. Sie ist einheitlich gelblich oder gelbrötlich gefärbt. Das auffallendste Merkmal dieser Spinnen sind aber die vergleichsweise riesigen vorderen Mittelaugen, die wie Scheinwerfer wirken und den Spinnen ihren deutschen sowie ihren wissenschaftlichen Namen gaben (*Dinopis* heißt „riesiges Auge").
Ihr Lebensraum sind die Wälder und lichten Baumsavannen im östlichen Australien.
Die überwiegend dämmerungs- und nachtaktiven Großaugenspinnen sitzen tagsüber gut getarnt auf Zweigen oder unter Blättern und werden erst abends aktiv. Dann lassen sie sich mit ihren Hinterbeinen oder sogar nur an einem Haltefaden von Zweigen und Blättern herunterhängen und beobachten mit ihren riesigen, auch in der Dämmerung äußerst sehtüchtigen Augen alles, was unter ihnen vorbeifliegt. In den drei vorderen Beinpaaren halten sie ein Netz ausgespannt, das aus sogenannten Kräuselfäden besteht. Diese Fäden sind nicht mit Klebetröpfchen besetzt, wie bei den meisten anderen netzbauenden Spinnen, sondern bestehen aus einer Art „Spinn-

wolle“, die mit Hilfe eines feinen Kammes an den Beinen auf die Haltefäden gekämmt wurde. Diese Spinnwolle ist enorm dehnbar und verhält sich beim Zusammenziehen wie ein Knäuel gekräuselter Wolle, aus der kein Beutetier entkommen kann, wenn es sich erst einmal darin verfangen hat. Ihre Beute besteht aus einer Vielzahl kleiner fliegender Insekten: Mücken, Fliegen, Käfer, Ameisen, Termiten, Eintagsfliegen. Gerät ein unvorsichtiges kleines Insekt in die Reichweite der unbeweglich lauernden Spinne, spreizt sie urplötzlich das Netz und fischt die Beute geradezu aus der Luft. Diese wird sodann noch weiter eingewickelt und im Schlupfwinkel der Spinne verzehrt. So wird verständlich, weshalb die Spinne diese riesigen, parallel nach vorn gerichteten Augen braucht: Sie muß nicht nur die Entfernung genau abmessen, braucht also ein sehr gutes rämliches Sehvermögen, sondern sie muß auch ungeheuer rasch reagieren.

Die großen vorderen Mittelaugen sehen nicht nur wie Scheinwerfer aus, sondern sind auch so gebaut. Wie bei vielen nachtaktiven Tieren, wie z. B. bei der Katze, sind die Augen mit einer das Licht zurückstrahlenden Fläche am Augenhinterrand versehen, das sogenannnte „*Tapetum lucidum*“, wodurch ihre Lichtempfindlichkeit und dadurch die Sehfähigkeit im Dunkeln enorm gesteigert wird. Daher leuchten die Augen dieser Spinnen übrigens auch rot auf, wenn sie angestrahlt werden. Die Spinne selbst ist durch ihre zweigähnliche Körperform vorzüglich getarnt.

Riesenjagdspinne
Delena cancerides
Familie Eusparassidae

Die Riesenjagdspinne ist eine 15 cm spannende, bemerkenswert flache Spinne mit enorm langen Beinen, die mehr zur Seite gerichtet sind. Der Kopfbrustteil und die Beine sind wenig kontrastreich gelblich-grau, der Hinterleib ist eher hellgrau gefärbt. An den langen Beinen fallen die Fußglieder auf, die auf ihrer Unterseite dicht behaarte Sohlen tragen.
Sie lebt an und unter der lockeren Rinde von Bäumen, vorzugsweise an Eukalypten, im östlichen und nördlichen Australien. Tagsüber hält sich die Spinne fast immer unter der Rinde von Eukalyptusbäumen verborgen und kommt erst in der Dämmerung heraus. Dann läuft sie auf der Jagd nach verschiedensten Insekten, Asseln, andere Spinnen, gelegentlich auch kleineren Echsen und Fröschen ungeheuer rasch und sicher am Stamm herum, wobei die behaarten Fußglieder wie Kletterschuhe wirken.
Auf der Jagd dringen diese Spinnen auch häufig in Häuser, Ställe und Schuppen ein, wo sie durchaus geduldet sind, weil sie weit unangenehmere andere Gäste vertilgen. Nachts kann man sie daher manchmal an den Wänden entlang huschen sehen. Trotz ihrer imponierenden Größe ist der Biß durchaus harmlos.

Jagdspinne
Heteropoda venatoria
Familie Eusparassidae

Sie ist eine weitere große Jagdspinne, deren abgeflachte Form darauf schließen läßt, daß sie gleichfalls unter Rinde und in Spalten lebt. Die Beine sind oftmals mehr oder weniger geringelt, was der Auflösung des Körperumrisses der mit Beinen bis zu 12 cm großen Spinne dient, wenn sie reglos lauernd auf der Rinde sitzt. Die acht kleinen, recht gleichförmigen Augen zeigen, daß diese Spinne nicht besonders gut sieht. Dafür kann sie aber kleinste Luftbewegungen wahrnehmen.
Diese Jagdspinne ist weltweit in den Tropen verbreitet und lebt dort unter Rinde, in Blattachseln sowie unter flachen Steinen.
Sie ist eine sehr schnell rennende Spinne, die vor allem nachts unterwegs ist und allerhand Kleintiere erbeutet. Wie viele nicht netzbauende Spinnen trägt das Weibchen seinen Eikokon an den Bauch gepreßt mit sich herum, und auch die frischgeschlüpften Jungspinnen bleiben noch eine Zeitlang bei der Mutter.
Ihre Beute besteht aus Insekten und sonstigen Gliederfüßern, sehr selten auch aus kleinen Eidechsen und Fröschen.
Diese Art ist eine der sogenannten „Bananenspinnen“, die häufig in Bananenbüscheln oder mit Tropenhölzern zu uns gelangen und dann für Aufsehen sorgen.

Stachelspinne
Gasteracantha thorellii
Familie Gasteracanthidae

Eine merkwürdig gestaltete und sehr auffallend gefärbte, 1,5 cm große Spinne. Der Vorderkörper ist rötlich. Der weiße oder gelbliche Hinterkörper jedoch, der bei den meisten anderen Spinnen recht weichhäutig ist, besitzt bei den Stachelspinnen einen sehr festen Chitinpanzer und ist bei dieser Art zudem stark verbreitert und jederseits mit einem spitzen Stachel versehen.

Madagaskar ist die Heimat dieser Stachelspinne. Dort baut sie im Gebüsch, im Gezweig von Bäumen, sogar im höheren Gras, gern auch in Bambusdickichten ihre Netze.

Diese Radnetzspinne vertraut, anders als viele ihrer Verwandten, nicht auf eine Tarnfärbung, sondern baut offenbar darauf, daß jeder Vogel und jede Echse vor diesem scharfkantigen Brocken zurückschreckt oder aber wegen ihrer ungewöhnlichen Form gar nicht als Beutetier erkannt wird. Daher verschwindet diese Spinne bei Belästigung auch nicht schnellstens in ihrem Schlupfwinkel, sondern bleibt einfach sitzen.

In dem Radnetz der Spinne verfangen sich kleinere fliegende Insekten.

Sie ist im Unterschied zu vielen anderen Radnetzspinnen ein Tagtier, das im hellen Sonnenschein ihr Netz baut.

Stachelspinne
Gasteracantha arcuata
Familie Gasteracanthidae

Bei dieser Stachelspinne ist die monströse Körperform auf die Spitze getrieben: Der Hinterleib trägt zwei lange, stark chitinisierte Dornen, die die Spinne bei weitem an Größe übertreffen. Auch die schwarz-rote Färbung ist sehr auffällig, denn diese Farbzusammenstellung dient normalerweise im Tierreich der Warnung: Vorsicht, ich bin giftig! Diese Spinne dagegen verkündet wohl: Versuch' es gar nicht erst, du kriegst mich eh nicht herunter!
Trotz ihrer sehr auffälligen Färbung wurde auch von manchem Wissenschaftler vermutet, daß diese Spinne so monströs gestaltet sei, damit sie von ihren Feinden, wohl vor allem Vögeln, gar nicht als Beutetier erkannt wird. Damit wird vermutlich die Neugier und Findigkeit der meisten Vögel unterschätzt.
Diese Stachelspinne lebt im Geäst und Blattwerk in den Wäldern Südasiens. Auch sie baut ein Radnetz, das zwischen kleineren Ästen oder im Blattwerk angelegt wird. Dort findet man sie auch tagsüber. In ihrem Netz, daß wie bei allen Stachelspinnen mit Klebtröpfchen besetzt ist, verfangen sich meist kleine, geflügelte Insekten. Diese haben sicher keine Möglichkeit, die ihnen drohende Gefahr zu erkennen.

Diebsspinne
Argyrodes argyrodes
Familie Theridiidae

Diebsspinnen sind mit 0,5 cm Größe sehr kleine, kugelige, oberseits oft seidenglänzende Spinnen. Die abgebildete Art lebt in Südeuropa, verwandte Arten sind auf der ganzen Welt verbreitet.
Diese winzigen „Diebsspinnen" sind die Plage aller größeren Webespinnen. Sie siedeln sich nämlich in deren Netzen an, oft zu mehreren, und betätigen sich dort als freche Netzräuber. So parasitiert z. B. die Spinne auf dem Foto im Netz einer viel größeren südeuropäischen Kreuzspinne. Hat die Inhaberin ein Beutetier gefangen und eingesponnen, so pirschen sich die Diebsspinnen heimlich heran – vom Gezappel des Beutetieres angelockt – und beteiligen sich am Mahl. Dabei bewegen sie sich so vorsichtig im Netz der großen Gastgeberin, daß diese ihre Bewegungen nicht wahrnimmt. Daher besteht ihre Nahrung aus allen Beutetieren, die ihre oftmals sehr großen Wirte überwältigen können.
Diese winzigen Spinnen gehören ursprünglich auch zu den netzbauenden Spinnen. Sie errichten sich nämlich in abgelegenen Winkeln des Netzes ihrer Gastgeberin auch Kokons für ihren eigenen Nachwuchs. Ein eigenes Fangnetz brauchen sie jedoch wegen ihrer parasitischen Lebensweise nicht mehr.

Springspinne
Portia sp.
Familie Salticidae

Eine etwa 1 cm große, oberseits graumelierte, relativ kurzbeinige Springspinne mit den für diese Familie charakteristischen, riesigen vorderen Mittelaugen. Das Männchen besitzt auffällig gefärbte Taster, die bei der Balz und den Kommentkämpfen der Männchen untereinander gebraucht werden.
Sie ist in trockeneren Gebieten am Boden, aber auch in der niedrigen Vegetation Südafrikas verbreitet.
Wie alle Springspinnen ist auch sie ein sehr gut sehender Lauerjäger, der sich mit einem gut gezielten Satz auf seine Beute stürzt. Diese besteht aus allen kleinen Gliederfüßern, die von dieser Spinne bewältigt werden können, wie z. B. Ameisen, kleine Käfer und Grillen.
Diese Art und ihre Verwandten sind berühmte Tiere der Verhaltensforschung, an denen im Labor zahlreiche Untersuchungen zur Balz der Spinnen, zu den Revierkämpfen der Männchen, aber auch zum Sehvermögen dieser großäugigen Spinnen durchgeführt wurden. Es zeigte sich, daß diese Springspinnen nicht nur ein sehr gutes Sehvermögen für Formen und sogar für Farben besitzen, sondern daß auch ihr räumliches Sehen erstaunlich hoch entwickelt ist.

Weiterführende Literatur

Barth, F.G. (2000): Sinne und Verhalten – Aus dem Leben einer Spinne. Springer-Verlag, Berlin & Heidelberg

Bellmann, H. (2001): Kosmos-Atlas Spinnentiere Europas. Kosmos-Verlag, Stuttgart

Bellmann, H. (2002): Spinnen. Kosmos-Verlag, Stuttgart

Bellmann, H. (1992): Spinnen beobachten – bestimmen. Naturbuch-Verlag, Augsburg

Bristowe, W.S. (1971): The World of Spiders. Collins, London

Crome, W. (1992): Arachnida – Spinnentiere. In: Stresemann, E.: Exkursionsfauna von Deutschland, Wirbellose 1. Spektrum Akad. Verlag, Heidelberg

Foelix, R. F. (1992): Biologie der Spinnen. 2. Aufl. Georg Thieme Verlag, Stuttgart

Heimer, S. & W. Nentwig (1991): Die Spinnen Mitteleuropas. Verlag Paul Parey, Berlin & Hamburg

Kästner, A. (1993): Lehrbuch der Speziellen Zoologie, Band 1 Wirbellose. Gustav Fischer Verlag, Stuttgart

Sauer, F. & J. Wunderlich (1991): Die schönsten Spinnen Europas. 4. Aufl. Fauna-Verlag, Karlsfeld

Schmidt, G. (1993): Vogelspinnen. Lebensweise – Bestimmungsschlüssel – Haltung – Zucht. 4. Aufl. Landbuch Verlag, Hannover

Register